STORY-
TELLING
für KMU

Franziska Vonaesch | Marc K. Peter

STORY-TELLING
für KMU

Im Web auf sich und
seine Produkte
aufmerksam machen

Handelszeitung

Beobachter
EDITION

Dank

Autorin und Autor danken Mathias Binz, Jörg Sennrich, Juliane Streitberg, Norbert Winistörfer, Brasanthy Yogalingam und Käthi Zeugin für ihre Unterstützung.

Die Rechte der im Buch genannten Marken liegen bei den jeweiligen Eigentümern.
Statistiken, Unternehmensbeispiele und Zahlenmaterial:
Stand Januar 2019

Download-Angebot

Die Vorlagen zur Toolbox finden Sie unter www.beobachter.ch/download (Code 1830) zum Herunterladen und Selberbearbeiten. Auch die Links zu den Unternehmensbeispielen mit QR-Code sind im Download vorhanden, sodass Sie von dort direkt auf die interessanten Seiten gelangen.

Beobachter-Edition
2. Auflage 2019
© 2019 Ringier Axel Springer Schweiz AG, Zürich
Alle Rechte vorbehalten
www.beobachter.ch

Herausgeber: Der Schweizerische Beobachter, Zürich,
in Zusammenarbeit mit der Handelszeitung
Lektorat: Käthi Zeugin, Zürich
Umschlaggestaltung, Konzept und Layout: fraufederer.ch
Grafiken: Tobias Suter, Bremgarten, und Frau Federer GmbH
Herstellung: Bruno Bächtold
Druck: Kösel, Krugzell

ISBN 978-3-03875-183-0

Mit dem Beobachter online in Kontakt:

 www.facebook.com/beobachtermagazin

 www.twitter.com/BeobachterRat

Zufrieden mit den Beobachter-Ratgebern?
Bewerten Sie unsere Ratgeber-Bücher im Shop:
www.beobachter.ch/shop

Inhalt

Vorwort

Sie kennen es aus Ihrem Alltag: Buchstäblich im Minutentakt werden Sie, liebe Leserin, lieber Leser, mit Botschaften und Nachrichten eingedeckt, und zwar über sämtliche Kanäle – hier eine Push-Meldung übers Handy, da ein Newsletter auf dem Laptop, ein Werbespot auf dem Monitor, dazu all die Mitteilungen und Hinweise via Social Media. Und mittendrin stehen Sie und vermögen das unendliche Angebot kaum mehr zu bewältigen.

Auch wir Medienmacher kennen es aus unserem Alltag: Buchstäblich im Minutentakt setzen wir Meldungen ab. Und hoffen, bei der wachsenden Zahl von Leserinnen und Usern Aufmerksamkeit zu schaffen. Das ist angesichts der Informationsflut ungleich schwerer als früher. Doch das Rezept ist dasselbe: Es sind die guten Geschichten, die fesseln. Gut sind sie dann, wenn sie zutreffend sind, packend erzählt, attraktiv aufbereitet. Und im Normalfall einen Bezug zur realen Lebenswelt der Nutzerin, des Nutzers haben, im besten Fall gar Emotionen wecken.

Genauso funktioniert auch Unternehmenskommunikation. Wer im ständigen Werbe- und Marketinggetöse auffallen und in Erinnerung bleiben will, muss mit seiner Story punkten. Das gilt nicht nur für das KMU, sondern ebenso für den Weltkonzern.

Storytelling heisst die Disziplin, die erkennbar, ja unverwechselbar macht. Das bedeutet: Jedes Detail muss beachtet und mit Bedacht umgesetzt werden, wenn der Schreinerbetrieb, der Schraubenfabrikant oder der Schokoladenkonzern seine Errungenschaften erfolgreich vermarkten will.

Nach der Lektüre dieses Werks von Franziska Vonaesch und Marc K. Peter werden Sie, liebe Leserin, lieber Leser, noch besser verstehen, wie zentral das Storytelling für den Firmenerfolg ist – im Absatzmarkt, aber auch beim Rekrutieren von Mitarbeitenden oder beim Steigern der Reputation. Mein Urteil ist gemacht: Vonaesch und Peter haben das unverzichtbare Buch zum Thema Storytelling für KMU in der Schweiz geschrieben.

Eine inspirierende Lektüre wünscht Ihnen
Stefan Barmettler
Chefredaktor Handelszeitung

Eine gute Geschichte erzählen

Storytelling – Geschichten erzählen – ist längst ein Modewort und in der Kommunikationsbranche in aller Munde. Kaum ein Fachartikel, in dem Storytelling nicht auch Thema ist. Aber was genau ist eine Story, eine Geschichte? Welche Technik steckt dahinter? Wann ist ein Ereignis eine Story wert? Und was bringt Storytelling überhaupt?

Literatur

Wir haben im Netz nach guten Geschichten gesucht und sind schnell fündig geworden. Da ist zum einen der Elektrokonzern Philips. Er lancierte mit dem «Philips Wake-up Light» ein aussergewöhnliches Produkt. Die Geschichte dazu führt nach Longyearbyen auf Spitzbergen, eine der am weitesten im Norden gelegenen Städte der Welt. Hier herrscht im Winter elf Wochen lang komplette Dunkelheit. Die Story «The Arctic Experiment» erzählt, wie heldenhaft eine Handvoll Menschen am 79. Breitengrad ihr Leben meistert. Und wie das «Wake-up Light» Menschen hilft, in einer Stadt aufzuwachen, in der die Sonne nicht aufgeht.

Literatur

Zum anderen gibt es die legendäre Red-Bull-Geschichte «Mission an den Rand des Weltalls» – eine fast unmögliche Expedition. Felix Baumgartner steht an der Aussenwand seiner Raumkapsel, 39 Kilometer unter ihm liegt die Erde. Dann wagt er den Sprung ins Ungewisse…

Geschichten gibt es auch in Ihrer Firma

Gute Geschichten gibt es viele. Fast immer sind es Grossunternehmen, die ihr Publikum mit spannenden, emotionalen Storys unterhalten. Bei solch grossen Investitionen und umfassenden Ressourcen mitzuhalten, erfordert Mut. Erst recht, wenn man sieht, wie unglaublich viele Menschen diese Geschichten gesehen und weiterverbreitet haben. Das kann gerade auch kleine und mittlere Unternehmen (KMU) demotivieren. Schade, haben doch KMU dank ihrer Nähe zu den Kundinnen und Kunden den grössten Fundus an spannenden Geschichten. Man muss ihn nur zu nutzen wissen.

Es geht nicht nur darum, alle guten Geschichten im eigenen Unternehmen zu finden, man muss sie dann auch mit Empathie und Engagement erzählen. Schliesslich will jedes Unternehmen, ob klein oder gross, sein Publikum fesseln, es überzeugen und in Erinnerung bleiben.

Diesen Ratgeber haben wir für Unternehmerinnen und Unternehmer geschrieben und für alle, die sich für das Thema Storytelling interessieren und sich inspirieren lassen wollen. Er enthält zahlreiche Praxisbeispiele von Unternehmen, gerade auch von KMU, bildhaft und verständlich dargestellt und kommentiert. Das Buch erklärt, warum sich Storytelling als Modewort etabliert hat. Wir beschreiben, was die für eine Studie befragten Schweizer Unternehmen unter dem Begriff verstehen. Und es geht darum, wie man eine Geschichte im Rahmen von Content-Marketing über die sozialen Medien verbreitet. Selbstverständlich gehören zu einem erfolgreichen Kommunikationsmix nicht nur die sozialen Medien: Auch via E-Mail und gedruckte Formate sowie über persönliche Kontakte mit Kundinnen und Kunden können Geschichten erzählt werden.

Im letzten Teil des Ratgebers geht es um die Storytelling-Strategie. Dort finden Sie die Toolbox: praktische Anleitungen, mit denen wir Sie Schritt für Schritt durch die einzelnen Phasen begleiten – von der Story bis zum Telling.

Struktur des Ratgebers

Der Ratgeber «Storytelling für KMU» ist in drei Bereiche unterteilt (siehe Abbildung).

- Der **Theorieteil** bietet Ihnen eine Einleitung ins Thema und vermittelt den Kontext von Storytelling, nämlich Content-Marketing, soziale Medien, digitales Marketing und die digitale Transformation in Unternehmen. Anschliessend wird eine Schweizer Bestandesaufnahme präsentiert: Dies ermöglicht Ihnen einen Einblick in die Rolle und die Wichtigkeit von Storytelling in Schweizer Unternehmen.
- Der **Praxisteil** hilft Ihnen, das Wissen erfolgreich in Ihrem beruflichen Alltag umzusetzen. Er startet mit den Storytelling-Grundlagen und leitet anschliessend zu einem der wichtigsten Kanäle für Geschichten über, den sozialen Medien. Die Seiten über Content gehen auf konkrete Formen von Storytelling ein und bieten viele Praxisbeispiele aus dem deutschsprachigen Raum – hauptsächlich aus der Schweiz. Das Kapitel wird mit strategischen Themen zu Reichweite, Präsenz und zum Multi- oder Omnikanal-Ansatz abgeschlossen.

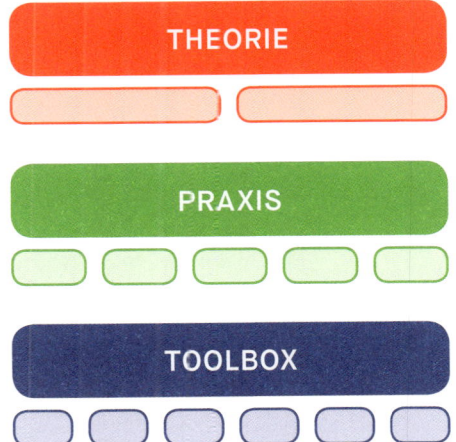

Aufbau des Ratgebers

- Mit der **Toolbox** geht es richtig los: Hier erhalten Sie die Werkzeuge für jede Phase der Methode Storytelling. Ausgehend von der Strategie geht es zur Planung, Umsetzung und schlussendlich zur Erfolgskontrolle. Anhand von zehn Tools lernen Sie, wie Sie Storytelling erfolgreich in Ihre Marketing- und Verkaufsstrategie und in alle Marktbearbeitungspläne integrieren. Damit die einzelnen Tools einfacher erlern- und anwendbar sind, werden sie an einem fiktiven Fallbeispiel, der Beugger Gitarren Schweiz AG, durchgespielt.

Wer sich in erster Linie mit der praktischen Umsetzung befassen will, kann direkt ins Kapitel 2 einsteigen und bei Bedarf ins Kapitel 1 zurückblättern. Wenn Sie sich auch für die Einbettung von Storytelling ins digitale Marketing und für die aktuelle Situation in Schweizer Unternehmen interessieren, beginnen Sie die Lektüre mit Kapitel 1.

Im ganzen Handbuch finden Sie immer wieder kurze Einklinker mit der Quintessenz der jeweiligen Texte.

Die Nummern im Rand verweisen auf die weiterführende Literatur im Anhang.

Ebenfalls im Rand finden Sie QR-Codes. Diese führen Sie bei allen Unternehmensbeispielen, bei denen es mehr zu sehen gibt, als im Buch abgebildet werden kann, direkt auf die entsprechenden Seiten.

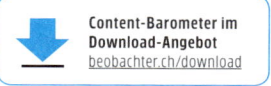

Alle Vorlagen aus der Toolbox stehen Ihnen zudem online zur Verfügung unter www.beobachter.ch/download (Code 1830). Dort finden Sie auch die Links hinter den QR-Codes, mit denen Sie direkt zu den Unternehmensbeispielen gelangen.

Schreiben Sie Ihre eigene Story

Wir haben diesen Ratgeber für ein breites Publikum geschrieben und versucht, klar und verständlich zu formulieren. Der Fokus liegt auf den digitalen Kanälen, deshalb haben wir vor allem das Thema Social Media abgedeckt. Zu einem erfolgreichen Marketing und einer erfolgreichen Kommunikation gehört natürlich noch viel mehr, zum Beispiel das Erstellen von Videos oder das Bearbeiten von Bildern. Nicht alles hatte im Buch Platz.

Wir sind sicher, dass wir Sie mit den praktischen Tipps und Steilvorlagen zum Mitreden animieren können. Viel Vergnügen!

Franziska Vonaesch und Marc K. Peter

1 Storytelling im Kontext des digitalen Marketings

Im Zeitalter der digitalen Transformation suchen Unternehmen neue Kundinnen und Kunden sowie erweiterte Ertragsquellen. Sie gestalten moderne, digitale Angebote, optimieren ihre Prozesse und nutzen die Plattformen und Kanäle des digitalen Marketings. Storytelling ist ein wichtiges Instrument in diesem Prozess. Denn mit Storytelling werden Inhalte rund um Produkte und Marken in Form von Geschichten über geeignete Kanäle und in den passenden Formaten verbreitet.

Neue Spielregeln für Unternehmen

Ob Sie nun Einzelunternehmerin, Inhaber eines KMU oder Marketingverantwortliche in einem Grossunternehmen sind: An den neuen Spielregeln der Kommunikation führt kein Weg mehr vorbei. Der Umgang mit digitalen und sozialen Medien ist so selbstverständlich, dass er die Art und Weise verändert hat, wie wir mit Marken, Dienstleistungen und Unternehmen interagieren.

Wer den kommunikativen Wandel verstehen und nutzen will, muss den Blick auf die heutige Technologie und die Kommunikationskultur richten.

Das klassische Marketing verliert an Bedeutung

Der Wettbewerb auf den globalen Märkten steigt immens. Die Zahl an vergleichbaren Produkten wächst, die Unternehmen suchen nach neuen Massnahmen zur Profilierung und zur Erhöhung ihrer Bekanntheit. Jeden Tag werden wir mit bis zu 1000 Werbenachrichten konfrontiert.

Literatur

Bei diesen Unmengen an Informationen ist es kein Wunder, dass wir klassische Werbemittel wie Plakate, Anzeigen und Werbepausen im Fernsehen ignorieren und uns mit wichtigeren Dingen beschäftigen. Durch die rasche Verfügbarkeit von Informationen im Internet und nicht zuletzt durch die sozialen Medien sind die Menschen – speziell Ihre Kundinnen und Kunden – informierter, kritischer und anspruchsvoller geworden. Neue Marketingmassnahmen sind erforderlich, damit Sie Ihre wichtigen Informationen und Lösungsansätze an die Kundinnen und Kunden herantragen und den Verkauf von Produkten und Dienstleistungen ankurbeln können.

> **Marketingprofis brauchen neue Ansätze, um Produkte und Dienstleistungen erfolgreich zu vermarkten.**

Die Chancen der neuen Technologien

Wir wissen, dass das klassische Marketing mit der Erfindung des Internets und der digitalen Medien viel von seiner Bedeutung und Reichweite eingebüsst hat. Dass jede neue Marketingplattform die vorhergehende verdrängt. überrascht also niemanden, der Medientrends aufmerksam beobachtet. Seinerzeit hat das Radio die

Printmedien konkurrenziert, dann hat das Fernsehen die Radiohörer abgeworben, die digitalen Medien schliesslich haben die Besucherinnen und Besucher von allen drei genannten Plattformen abgezogen. Und heute ist das Social Web dabei, sie alle zu überholen. Erstaunlich ist einzig das Tempo, mit dem dieser Prozess stattfindet.

Warum hat das alles eine Bedeutung? Erstens, weil dadurch immer mehr kostengünstige, einfach zu bedienende Kommunikationstechnologien verfügbar sind. Und zweitens, weil die rund um die Uhr online vernetzte Bevölkerung die neuen Technologien eifrig nutzt.

Der deutsche Medienwissenschaftler Ansgar Zerfass beschreibt die Phänomene, die seiner Meinung nach die Medienentwicklung nachhaltig bestimmen. Er unterscheidet fünf Faktoren:

- **Technologie:** Beim Faktor Technologie geht es in erster Linie um die Usability, die Benutzerfreundlichkeit. Weblogs, Podcasts, Videos und andere soziale Webanwendungen sind deshalb so populär, weil sie sich einfach nutzen lassen. Mit Internetzugang, Digitalkamera und Handy ausgerüstet, kann heute jeder und jede auch selber Onlinecontent produzieren.

Literatur

- **Sozialität:** In sozialer Hinsicht erleben wir einen Bedeutungsverlust der soziodemografischen Segmentierung. Bisher haben sich Werbung und PR (Public Relations) in den meisten Fällen an der Bevölkerungsstruktur, zum Beispiel an Geschlecht, Alter, sozialer Schicht, orientiert. Heute gewinnen Communitys an Relevanz, Gemeinschaften, denen sich Menschen mit gleichen Interessen, Konsum- oder Freizeitgewohnheiten zugehörig fühlen und in denen eine Identitätsbildung über Netzwerke und zum Teil auch über Marken stattfindet.

- **Werte:** Der Ruf nach Authentizität in Wirtschaft, Politik und anderen gesellschaftlichen Bereichen wird immer lauter. Die allgegenwärtige, pausenlose Kommunikation führt dazu, dass das Vertrauen in die Massenmedien und die etablierten Meinungsführer abnimmt und der Ratschlag von Kollegen, Nachbarinnen und Freunden stärker zählt. «Die Person wie du» gilt heute als wichtigster Einflussfaktor. Unternehmen bekommen für ihre Kommunikation keinen Vertrauensvorschuss mehr. Im Gegenteil: Primär ist alles, was ein Unternehmen aussendet, verdächtig.

- **Kommunikation:** Eine grosse Macht fällt auch den Suchmaschinen zu, die sich absichtlich nicht als Medienunternehmen, sondern als Technologieanbieter definieren. Noch wird viel zu wenig Augenmerk auf die Frage gerichtet, wie man Vertrauen und Reputation im Netz systematisch aufbauen und erhalten kann. Das ist deshalb wichtig, weil die Nutzerinnen und Nutzer bei der Vielzahl von Informationsangeboten zwangsläufig neue Orientierungspunkte benötigen. Das heisst nichts anderes, als dass sich die Spielregeln der Kommunikation ändern und die digitale Reputation zum Erfolgsfaktor wird.

- **Rezipienten:** Einen letzten Hinweis für den kommunikativen Wandel gibt der Blick auf die Rezipienten. Die Universität Leipzig hat eine landesweite Studie zum Suchverhalten im Internet und zur Weblog-Nutzung durchgeführt. An der Umfrage beteiligten sich 600 Trendsetter und intensive Webnutzende. Die Resultate verdeutlichen, dass die Nutzerinnen und Nutzer mehrheitlich «investigative Multiplikatoren» sind, die gleichzeitig mehr wissen wollen, gut vernetzt sind und Informationen weitergeben.

5

Literatur

Wenn Sie sich diese Erkenntnisse vor Augen halten, wird klar, wie sich die Prozesse, Strukturen und Methoden der Meinungsbildung verändern. Heute kommunizieren nicht mehr nur Unternehmen, sondern alle gesellschaftlichen und kommerziellen Gruppen: Verbraucherinnen und Verbraucher, Mitarbeitende, Journalisten und Journalistinnen, Blogger, Fachkreise. Jedem und jeder steht es frei, selbst zu publizieren. Dies ist für alle, die sich mit Unternehmenskommunikation beschäftigen, eine Herausforderung und Chance zugleich.

> **Heute kommunizieren alle: Die digitalen Medien sind Herausforderung und Chance zugleich.**

Hauptsache anders

Einflüsse und Faktoren in
der Medienentwicklung
(nach Zerfass & Piwanger 2014)

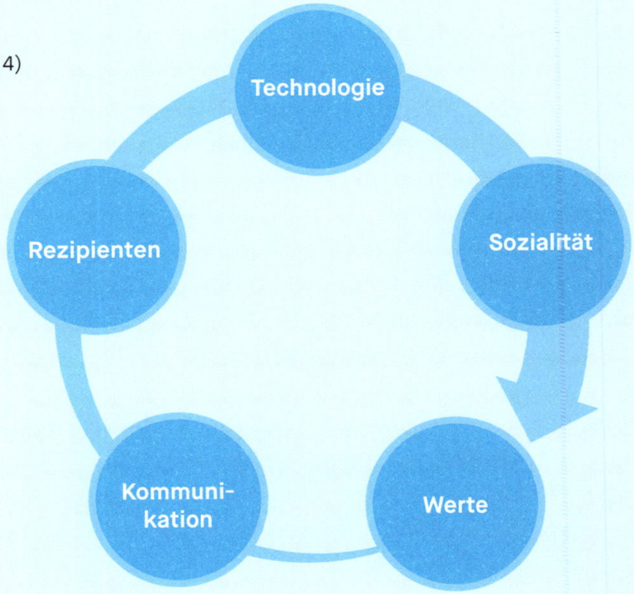

Technologie

Sozialität

Rezipienten

Kommuni-
kation

Werte

Die digitale Transformation in den Unternehmen

Angesichts der neuen Kommunikationskultur transformieren, wandeln sich die Unternehmen. Die Hochschule für Wirtschaft der Fachhochschule Nordwestschweiz hat in einer grossen Schweizer Studie die Gründe für Projekte rund um die digitale Transformation identifiziert. Neben dem Wunsch nach effizienten Prozessen und dem Erfüllen neuer Kundenanforderungen treiben auch innovative Technologien den Wandel in den KMU voran.

Die digitale Transformation umfasst sieben Handlungsfelder (siehe Abbildung). Diese ermöglichen es Unternehmen, eine Auslegeordnung vorzunehmen, damit auch sie ihre Projekte ganzheitlicher planen können.

Die sieben Handlungsfelder der digitalen Transformation

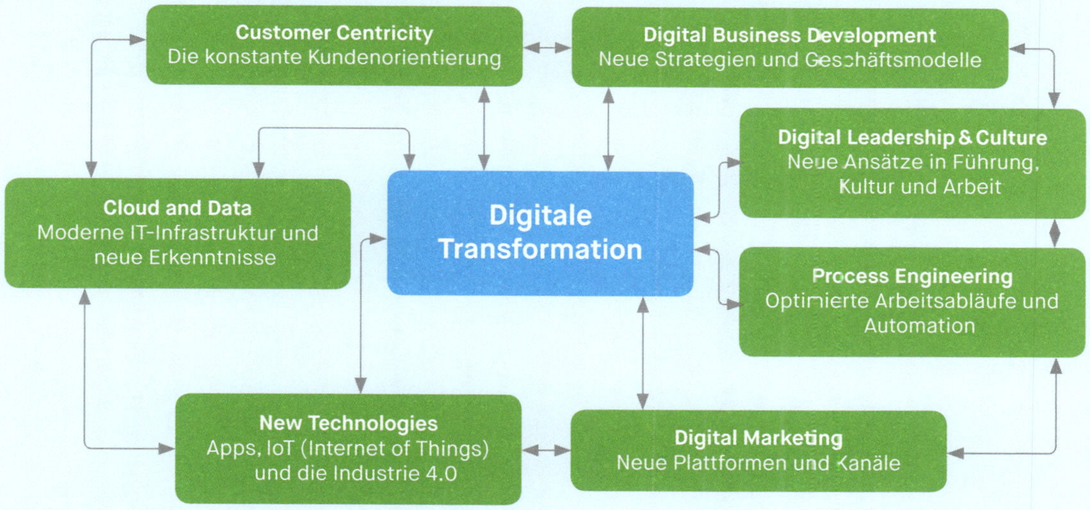

- Customer Centricity — Die konstante Kundenorientierung
- Digital Business Development — Neue Strategien und Geschäftsmodelle
- Cloud and Data — Moderne IT-Infrastruktur und neue Erkenntnisse
- Digitale Transformation
- Digital Leadership & Culture — Neue Ansätze in Führung, Kultur und Arbeit
- Process Engineering — Optimierte Arbeitsabläufe und Automation
- New Technologies — Apps, IoT (Internet of Things) und die Industrie 4.0
- Digital Marketing — Neue Plattformen und Kanäle

PETER, 2017, www.kmu-transformation.ch

In Schweizer Unternehmen sind besonders viele Projekte in der Prozessoptimierung, im Datenmanagement sowie in der IT und IT-Sicherheit geplant. An zweiter Stelle folgen Projekte in Marketing und Verkauf. Gerade die marktgerichteten Projekte sind eine stark wachsende Kategorie, sie wird im Handlungsfeld des digitalen Marketings zusammengefasst.

Vom traditionellen zum digitalen Marketing

In der digitalen Welt ist eine Vielzahl von Kunden-, Produkt- und Absatzdaten verfügbar. Alle diese Daten lassen sich messen und aus ihrer Analyse gewinnen die Unternehmen Erkenntnisse, um ihre Marktaktivitäten laufend zu optimieren.

Zu den Bereichen des digitalen Marketings (hierzu zählen auch Vertriebs- und Verkaufsaktivitäten) gehören:

- (Mobile) Onlineplattformen
- E-Commerce
- Kommunikationskanäle wie Social Media
- Onlinegemeinschaften (Communitys)
- Suchmaschinenmarketing
- Marketingautomation
- Videomarketing

Es besteht eine klare Tendenz weg von traditionellen Marketingmassnahmen hin zum digitalen Marketing. Die Ausrichtung der Marktleistungen erfolgt an den neuen technologischen Möglichkeiten, die die Digitalisierung bietet. Ein Beispiel ist der sogenannte Multichannel-Ansatz, mit dem digitale und analoge Kanäle koordiniert bedient werden. Damit können Unternehmen mehrere Zielgruppen parallel ansprechen und so den Markt breiter nutzen.

Online, vernetzt und zeitgemäss

Im Handlungsfeld des digitalen Marketings konzentrieren sich die meisten Unternehmen auf die neuen Anforderungen des Marktes, auf Onlineplattformen, Sichtbarkeit im Netz sowie Social Media. Das Erarbeiten neuer Marketingstrategien wird als zwingend erforderlich wahrgenommen.

Die höchste Relevanz im digitalen Umfeld besitzt das Suchmaschinenmarketing (SEM): Diese Werbeform hat in 58 Prozent der Schweizer Unternehmen einen hohen Stellenwert, gefolgt von E-Mail- und Social-Media-Marketing (beide 50 Prozent, siehe Kasten).

Viele der Unternehmen sind sich darüber im Klaren, dass sich Angebot und Verkauf von Waren und Dienstleistungen auf den digitalen Marktplatz verschieben. Die Unternehmen wissen, dass sich das klassische Kaufverhalten – die Kundinnen und Kunden kommen in den Laden, lassen sich beraten und kaufen dann das Produkt vor Ort – geändert hat; hin zu einem Kaufprozess, bei dem sich die Kundinnen und Kunden online selber informieren und die Produkte anschliessend auch online erwerben.

Social Media – der Zugang zu Kundinnen und Kunden

Die sozialen Medien sind ein fester Bestandteil des digitalen Marketings. Sie dienen der Positionierung der eigenen Produkte auf dem Markt und erleichtern den Zugang

Werbeformen des digitalen Marketings

Bereiche/Hohe Relevanz	KMU total	Mikro-Unternehmen	Kleine Unternehmen	Mittlere Unternehmen	Gross-Unternehmen	Alle Unternehmen
Suchmaschinen-marketing (SEA)	**58,2 %**	45,6 %	65,3 %	66,7 %	**55,4 %**	57,5 %
E-Mail-Marketing	**51,6 %**	45,1 %	49,3 %	65,9 %	**45,6 %**	50,0 %
Social-Media-Marketing	**47,6 %**	32,9 %	57,9 %	53,5 %	**56,7 %**	50,0 %
Content-Marketing	**40,2 %**	30,4 %	37,1 %	62,5 %	**61,2 %**	45,9 %
Bannerwerbung (Display-Advertising)	**17,7 %**	10,6 %	18,6 %	28,2 %	**43,9 %**	24,9 %

PETER, 2017

zu bestimmten Zielgruppen. Die sozialen Medien – unter anderem Facebook, Instagram, LinkedIn, Twitter und YouTube – werden von den Unternehmen zur Kundenbindung, zur Kommunikation mit Kunden und zur Markterweiterung genutzt. Als Vorteil wird die relativ einfache Vernetzung zwischen verschiedenen Interessengruppen gesehen.

Meist haben die befragten Unternehmen für ihre Aktivitäten externe Zielgruppen definiert; ihr Ziel ist es, die Kundinnen und Kunden auf den neuen Kanälen zu bedienen. In manchen Unternehmen werden die sozialen Medien, zum Beispiel mit Yammer, auch intern genutzt, um Mitarbeitende über Neuheiten zu informieren und so die interne Kommunikation und Interaktion zu erleichtern. Die Unternehmen setzen Social Media zudem als Massnahme zur Neukundengewinnung und zur Kontaktpflege mit bestehenden Kundengruppen ein. Doch auch bei der Rekrutierung neuer Mitarbeitenden greifen die Unternehmen gern auf Kanäle wie LinkedIn oder XING zurück.

50 % der Schweizer Unternehmen nutzen die sozialen Medien, 46 % setzen Content-Marketing ein.

Im Zentrum: Content-Marketing

Content-Marketing will mit relevanten Inhalten bestimmte Zielgruppen informieren und begeistern und ist letztlich an eine Wertschöpfung gekoppelt. Relevanz entsteht, indem die Unternehmen Fachwissen weitergeben, das sich praktisch anwenden lässt, oder Lösungswege für ein bestimmtes Problem aufzeigen. Content-Marketing steht im Zentrum aller Aktivitäten des digitalen Marketings. Hier zeigt sich ein grosser Unterschied zwischen KMU und Grossunternehmen. Es scheint, als hätten die Schweizer KMU diesen wichtigen Ansatz noch nicht entdeckt, denn lediglich 40 Prozent der befragten KMU messen ihm eine hohe Relevanz zu – bei den Grossunternehmen sind es eineinhalb mal so viele, nämlich 61 Prozent. Das Erstellen und Nutzen von wertgenerierenden Inhalten gehört jedoch zum Handwerk aller, die nach innen und aussen kommunizieren.

Ohne Content – sprich: Inhalte – lassen sich die digitalen Plattformen und Kanäle nicht bedienen. Je attraktiver und zielgruppengerichteter die Inhalte sind, desto höher wird die Interaktion mit den Nutzerinnen und Nutzern und damit der Aufbau von Neukunden oder Wiederkäuferinnen ausfallen.

Attraktive Inhalte dank Storytelling

Im Zeitalter der digitalen Transformation und des digitalen Marketings erlebt das Geschichtenerzählen eine Wiedergeburt. So werden Inhalte rund um Produkt und Marke gezielt und systematisch geplant, in Form von Geschichten vermittelt und über geeignete Kanäle – heute hauptsächlich digital – sowie in den passenden Formaten verbreitet.

Storytelling – ein Bestandteil der digitalen Transformation

So wirken Storys im Gehirn

Von klein auf begleiten uns Geschichten in unterschiedlichen Kontexten. Die Sozialisation in der Gesellschaft wird durch Geschichten und Erzählungen gefestigt. In Geschichten werden Werte und Normen verpackt. Durch Weitererzählen werden die Storys mit anderen geteilt, erinnert und weiterentwickelt.

Um die Wirkung von Geschichten zu verstehen, muss man sich die Funktion und Struktur des Gehirns in Erinnerung rufen: Das menschliche Gehirn ist – sehr vereinfacht gesagt – in zwei Hälften unterteilt. Die linke Gehirnhälfte ist für analytische Denkprozesse und Zahlen zuständig, die rechte für Emotionen, Kreativität und Intuition. Spricht eine Geschichte beide Hirnhälften an, wird ihr Inhalt als Wissen und als Emotion an die Zielgruppe transportiert. Wichtig dabei: Verhaltensveränderungen werden nur dann angestossen, wenn eine Mitteilung das bildhafte Gedächtnis erreicht.

7
Literatur

Und das tun Geschichten weit besser als reine Wissensweitergabe. In eine lebhafte Story können sich die Leserinnen und Leser hineinversetzen, und sie können sich vorstellen, Teil der Story zu sein. Sie entfernen sich von der Realität und tauchen in die narrative Welt. Sie machen durch die Geschichte neue Erfahrungen und kehren mit neuen Eindrücken, Einstellungen und Sichtweisen in die Realität zurück.

Was bringt Storytelling?

Jacques Chlopczyk zählt eine ganze Reihe von Gründen auf, weshalb Geschichten als sinnstiftende Elemente Erfolg versprechen:

- Erzählungen transportieren komplexe Sachverhalte auf einfache Weise und umschreiben die Kernbotschaften mit bereits bekannten Informationen. Dadurch können die Lesenden Sachverhalte besser in Erinnerung behalten.
- Unabhängige Ereignisse können durch Geschichten einfacher in Verbindung gesetzt werden.
- Durch Erzählungen lassen sich Themenbereiche vertieft umschreiben und mit aktuellen Themen zusammenführen.
- Geschichten können bei den Zielgruppen Handlungen ins Rollen bringen.
- Die Übertragbarkeit ähnlicher Erlebnisse von einem Bereich in einen anderen wird durch Geschichten vereinfacht und erleichtert.

8
Literatur

Storytelling gehört zum Fachgebiet Content-Marketing.

Für Augenmenschen erzählen

Beim Menschen ist die visuelle Wahrnehmung sehr ausgeprägt – heute mehr denn je. Deshalb bleiben Geschichten, die visuell unterstützt sind, auch besser in Erinnerung. Viele Autoren weisen zudem auf die Emotionen hin, die durch bildliche Darstellungen

Mit Bildern, Fotografien und Videos wirken die Geschichten noch emotionaler und sind wirksamer.

ausgelöst werden. Und nur, wenn Sie bei Ihrem Zielpublikum Emotionen wecken, kann es überhaupt zu einem Kaufentscheid kommen. Allerdings sind professionelle Fotografien und Videos nicht immer der beste Weg, einfache Fotos von Menschen bewegen und berühren uns oft mehr.

FAZIT

Wenn Sie Ihr Unternehmen erneuern und attraktiver gestalten wollen, mit oder ohne ganzheitliche digitale Transformation, setzen Sie auf das digitale Marketing. Die neuen Technologien bieten unzählige Chancen – teilweise zulasten des klassischen Marketings. Heute konzentrieren sich viele Unternehmen auf die digitalen Anforderungen des Marktes: auf Onlineplattformen, Sichtbarkeit im Netz sowie Social Media. Für all das braucht es Content.

Content-Marketing ist eine Methode, die mit relevanten Inhalten bestimmte Zielgruppen informieren, begeistern und unterhalten soll und letztlich an eine Wertschöpfung gekoppelt ist. Content-Marketing steht im Zentrum aller Aktivitäten des digitalen Marketings. Ohne Content-Marketing gibt es kein digitales Marketing – und Storytelling bildet den Kern, um attraktive Inhalte zu erstellen.

Wo stehen Schweizer Unternehmen?

Es gibt nur wenige Studien zum Einsatz von Storytelling in Unternehmen. Um die Lücke zu schliessen, haben die Autoren in Zusammenarbeit mit dem Netzwerk KMU Next Unternehmen zu diesem Thema befragt. Hier die wichtigsten Erkenntnisse aus der Umfrage – sie dokumentieren die Notwendigkeit von Storytelling für KMU.

Die Befragung fand im Sommer 2018 über ein Onlinebefragungstool statt. Die Studie mit einer Stichprobe von 127 Unternehmen ist bisher die einzige Umfrage, die in der Schweiz zum Thema Storytelling durchgeführt worden ist. Die teilnehmenden Unternehmen bilden keine zufallsgesteuerte Stichprobe im mathematisch-statistischen Sinn. Bezüglich der regionalen Verteilung, Branchenstruktur und anderer Kriterien ist die Studie denn auch nicht repräsentativ. Trotzdem ermöglicht sie Erkenntnisse zum Thema Storytelling in Schweizer Unternehmen.

9

Literatur

Die 127 Teilnehmenden stammen aus 29 unterschiedlichen Branchen. 29 Unternehmen sind Mikrounternehmen (mit 1 bis 9 Mitarbeitenden), 24 Unternehmen gehören zu den Kleinunternehmen (10 bis 49 Mitarbeitende), 35 zu den mittleren (50 bis 249 Mitarbeitende) und 39 zu den Grossunternehmen (über 250 Mitarbeitende).

Der Einsatz von Storytelling

Die Frage, ob das Konzept von Storytelling eingesetzt werde, beantworten erstaunlicherweise 76 Prozent der Unternehmen positiv, wobei 39 Prozent sogar mehr als fünf Geschichten pro Jahr erstellen und verbreiten. Nur 8 Prozent geben an, von Storytelling noch nie etwas gehört zu haben, und bei 19 Prozent der Befragten hat sich Storytelling noch nicht durchgesetzt. Eine Teilnehmerin sagt, dass im Umfeld von B2B (Business-to-Business, also Kommunikation von Firmen an Firmen) bei den Chefs gewisse Widerstände gegen die Personalisierung von Inhalten bestünden.

Die Unternehmen, die die Technik regelmässig aktiv nutzen, setzen Storytelling im Rahmen von Marketingkampagnen ein: Sie haben solche Kampagnen abgeschlossen bzw. geplant oder setzen sie gegenwärtig um. Knapp 4 Prozent der befragten Unternehmen rücken Storytelling sogar ins Zentrum ihrer Kommunikation.

> **39 % der befragten Unternehmen entwickeln mehr als fünf Geschichten pro Jahr.**

Wer nutzt das Konzept des Storytellings?

Antworten auf die Frage: «Nutzen Sie das Konzept von Storytelling?»

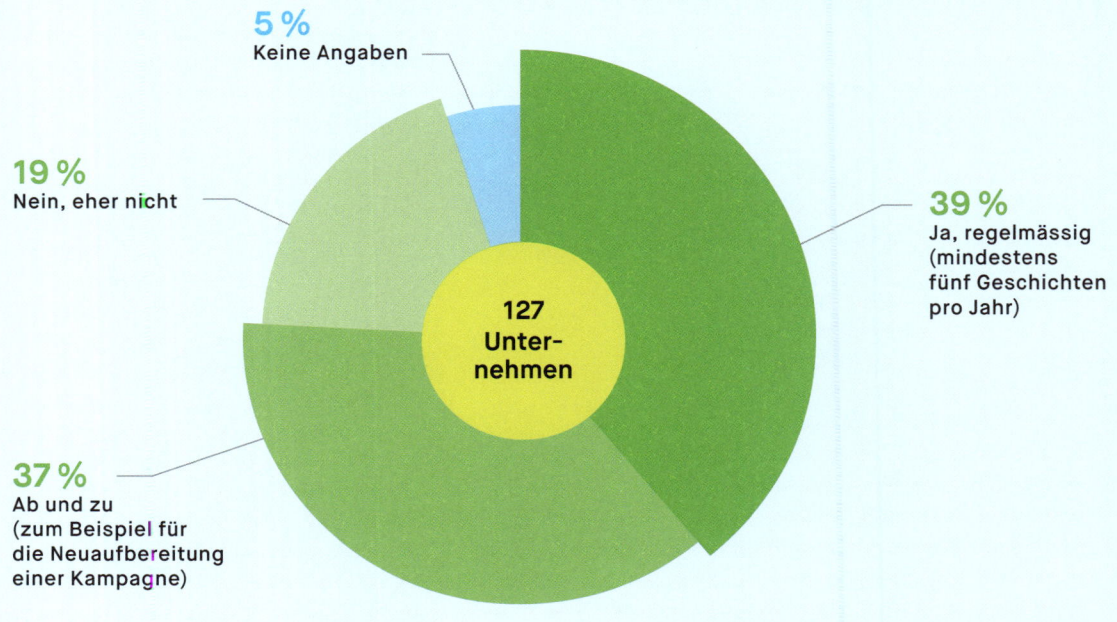

5 %
Keine Angaben

19 %
Nein, eher nicht

39 %
Ja, regelmässig
(mindestens
fünf Geschichten
pro Jahr)

127
Unter-
nehmen

37 %
Ab und zu
(zum Beispiel für
die Neuaufbereitung
einer Kampagne)

Die Umfrage zeigt grundsätzlich, dass Grossunternehmen aktiver in Storytelling investieren als KMU. Dabei macht es keinen Unterschied, ob diese Firmen im Bereich B2B oder B2C (Business-to-Consumer, also Kommunikation von Firmen an die Konsumenten) tätig sind. Eine Teilnehmerin sagt, dass jede Firma wissenswerte Geschichten zu erzählen habe, nur sei dies den wenigsten bewusst. Kleinstunternehmen sind allerdings am Aufholen: Sie profitieren unter Umständen von der Erfahrung der grossen und nutzen die verfügbaren, modernen Technologien und Plattformen nun ebenfalls. Kleinstunternehmen sind also durchaus auch aktiv.

Die Stellung von Storytelling in der Marketingstrategie

Storytelling ist in vielen Fällen bereits Teil der Marketingstrategie und dient zur Erhöhung der Präsenz im Web. Eine Teilnehmerin sagt, dass Storytelling wie ein roter Faden sei, der sich durch alle Kanäle ziehe und das Unternehmen erlebbar mache. Der Anteil an Unternehmen, die Storytelling strategisch einsetzen und über ein entsprechendes Konzept verfügen, liegt bei 54 Prozent. Gerade die ganz kleinen und die sehr grossen Unternehmen erachten die Integration von Storytelling in eine Gesamtstrategie als relevant.

Storytelling als Teil der Marketingstrategie

Antworten auf die Frage: «Wie wichtig ist Storytelling als Teil Ihrer Marketingstrategie?»

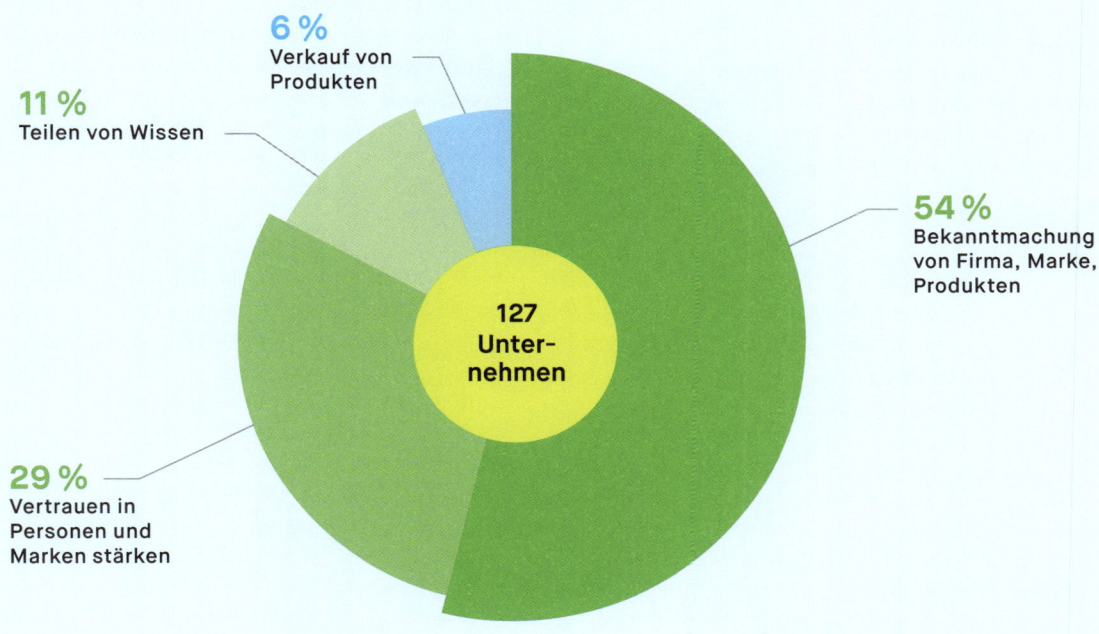

6 %
Verkauf von
Produkten

11 %
Teilen von Wissen

**127
Unter-
nehmen**

54 %
Bekanntmachung
von Firma, Marke,
Produkten

29 %
Vertrauen in
Personen und
Marken stärken

Mit Kunden- und Unternehmensgeschichten, die sie bei passenden Gelegenheiten in den sozialen Medien streuen, versuchen die KMU aus Kunden Fans und aus Mitarbeitenden stolze Gastgeber zu machen. Ein Teilnehmer meint, dass Storytelling für Content-Marketing und Social Media unerlässlich sei. Anderseits sagt eine Teilnehmerin, dass Storytelling in ihrem B2B-Unternehmen der Maschinenindustrie im Marketing noch nicht wirklich etabliert sei. Andere KMU wiederum sind erst am Aufbauen einer Content-Strategie und zeigen an Storytelling grosses Interesse. Ein Teilnehmer meint: «Unsere nächsten Schritte sind das Erstellen einer Content-Marketing-Strategie und der Aufbau eines Redaktionsplans.»

> **In der Hälfte der Unternehmen ist Storytelling die Grundlage für Kampagnen.**

Was bezwecken Unternehmen mit Storytelling?

Die meisten der befragten Unternehmen haben für ihre Storys externe Zielgruppen definiert. Ihr Ziel ist es, die Kundinnen und Kunden sowohl in gedruckten als auch über digitale Medien zu bedienen. Die befragten Unternehmen setzen Storytelling vorwiegend ein, um ihre Marke bekannt zu machen, das Vertrauen zum Unternehmen zu fördern, Neukunden zu gewinnen und auch um die Gesamtstrategie zu unterstützen.

Die Ziele von Storytelling: Erhöhung der Bekanntheit, Vertrauensbildung und Kundengewinnung.

Dabei beschäftigen hauptsächlich zwei Fragen die Schweizer Unternehmen. Erstens: Wie gelingt es, wissenschaftliche und komplexe Inhalte verständlich zu erzählen? Und zweitens: Wie kann man potenzielle Kundinnen und Kunden auf sich aufmerksam machen, die vielleicht nicht direkt mit dem Produkt oder der Dienstleistung in Berührung kommen?

Einige Unternehmen setzen darauf, über Geschichten Emotionen zu transportieren. Ein Teilnehmer sagt, dass in seinem Unternehmen Fallstudien und Raumplanungsprozesse anhand von Geschichten mit Menschen als tragenden Hauptfiguren erzählt würden. Andere Unternehmen setzen auf die persönliche Erfahrung: «Menschen fühlen sich durch Geschichten angesprochen und identifizieren sich damit. Wer das Problem kennt, das in der Geschichte erzählt wird, der will auch die Lösung: das Produkt.»

Ziele des Storytellings

Antworten auf die Frage: «Welche Ziele verfolgen Sie mit Storytelling?»

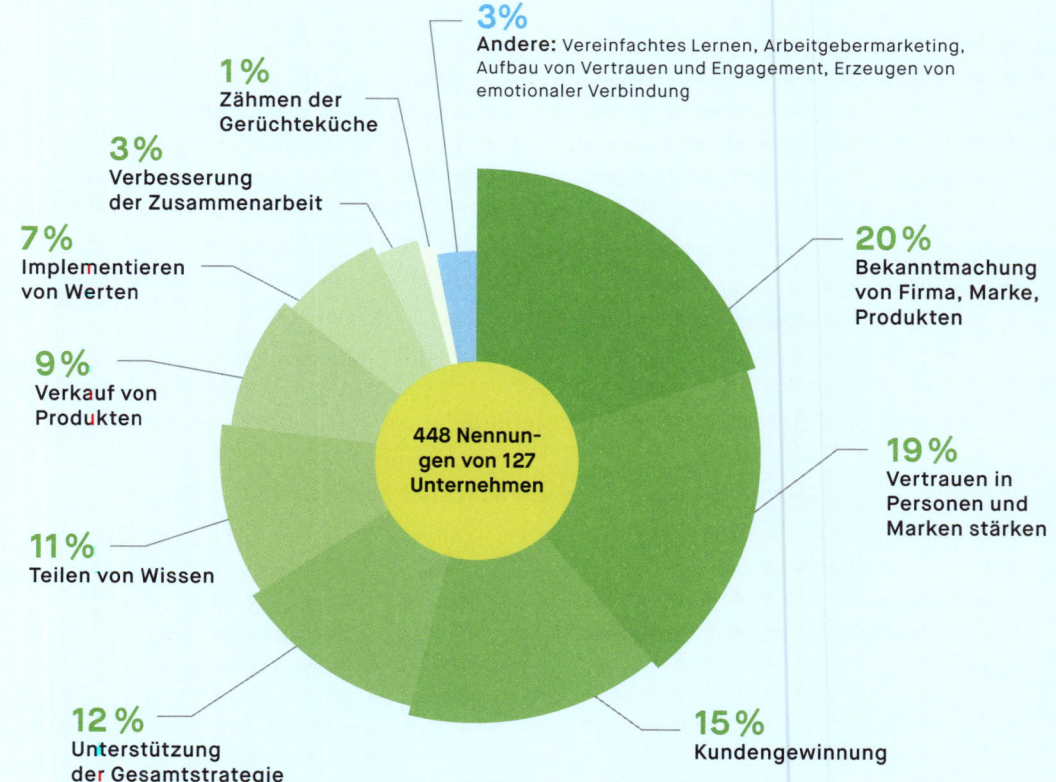

3%
Andere: Vereinfachtes Lernen, Arbeitgebermarketing, Aufbau von Vertrauen und Engagement, Erzeugen von emotionaler Verbindung

1%
Zähmen der Gerüchteküche

3%
Verbesserung der Zusammenarbeit

7%
Implementieren von Werten

9%
Verkauf von Produkten

11%
Teilen von Wissen

448 Nennungen von 127 Unternehmen

20%
Bekanntmachung von Firma, Marke, Produkten

19%
Vertrauen in Personen und Marken stärken

15%
Kundengewinnung

12%
Unterstützung der Gesamtstrategie

Formate, die für Storytelling genutzt werden

Den Unternehmen ist bewusst, dass mobile Geräte wie Tablets und Smartphones das Kommunikationsverhalten verändert haben. So gewinnen Kurzfilme und starke Bilder immer mehr an Bedeutung. Klassische Medienformate, etwa Berichte für Newsletter und Broschüren, sind jedoch nach wie vor sehr verbreitet.

Die Formate, die am höchsten in der Gunst der Unternehmen stehen, sind neben Text (35%) zunehmend Fotos (29%) und Videos (24%). Eine Teilnehmerin sagt, dass sie letztes Jahr viele Kundenporträts als Videos produziert habe, die alle gute Reichweiten und viel Sympathie erzielt hätten. Das Format sei immer ähnlich: Die Kundinnen und Kunden würden in ihrem Branchenumfeld befragt und authentisch gefilmt.

Noch nutzen Unternehmen die erzählerischen Möglichkeiten von Multimedia aber zu wenig: Das Zusammenspiel zwischen Text und (bewegten) Bildern hat sich noch nicht richtig etabliert. Es scheint, als fehle es an guten Beispielen für formatübergreifende Geschichten. Ein Teilnehmer meint, dass die Umsetzung respektive die Anwendung in der Praxis anspruchsvoll und schwierig sei und dass gerade für KMU eine praktikable Schritt-für-Schritt-Anleitung sehr nützlich wäre. Eine solche Anleitung bietet Ihnen die Storytelling-Toolbox in Kapitel 3.

> **Die wichtigsten Formate: Texte, Bilder/Grafiken und Videos.**

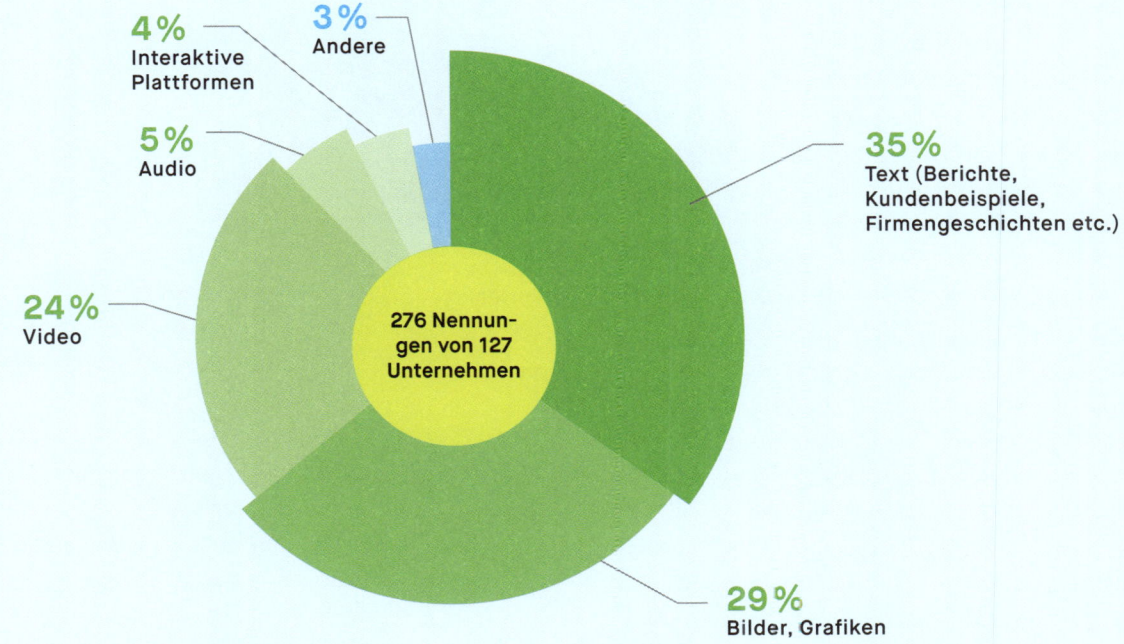

Formate, die genutzt werden

Antworten auf die Frage: «In welchen Formaten erstellen Sie Ihre Geschichten?»

- 4% Interaktive Plattformen
- 3% Andere
- 5% Audio
- 24% Video
- 276 Nennungen von 127 Unternehmen
- 35% Text (Berichte, Kundenbeispiele, Firmengeschichten etc.)
- 29% Bilder, Grafiken

Die Kanäle für die Verbreitung der Geschichten

Ein Viertel der befragten Unternehmen nutzen die eigene Website als primäre Plattform, um ihre Geschichten zu verbreiten. Da (bewegte) Bilder immer populärer werden, gewinnen Social-Media-Kanäle stark an Bedeutung (Anteil 22 %). Dabei bleiben die Kommunikation und die Interaktion mit den Kundinnen und Kunden über Newsletter und gedruckte Medien für einzelne Unternehmen weiterhin wichtig.

Den Fokus in einem ersten Schritt auf die eigene Website zu setzen, bietet eine gute Ausgangslage. Ungünstig ist, wenn – wie in vielen Fällen – die Geschichten zwar auf Social Media geteilt werden, aber dann der direkte Link auf die Unternehmenswebsite fehlt. Die Unternehmen wissen, dass sich Storytelling nach den veränderten Bedürfnissen der Kundinnen und Kunden (mobile Applikationen, individuelles Informieren,

> **Die wichtigsten Kanäle: eigene Website, Social Media, Newsletter und gedruckte Unterlagen.**

Die Kanäle für die Storys

Antworten auf die Frage: «Auf welchen Kanälen verbreiten Sie Ihre Geschichten?»

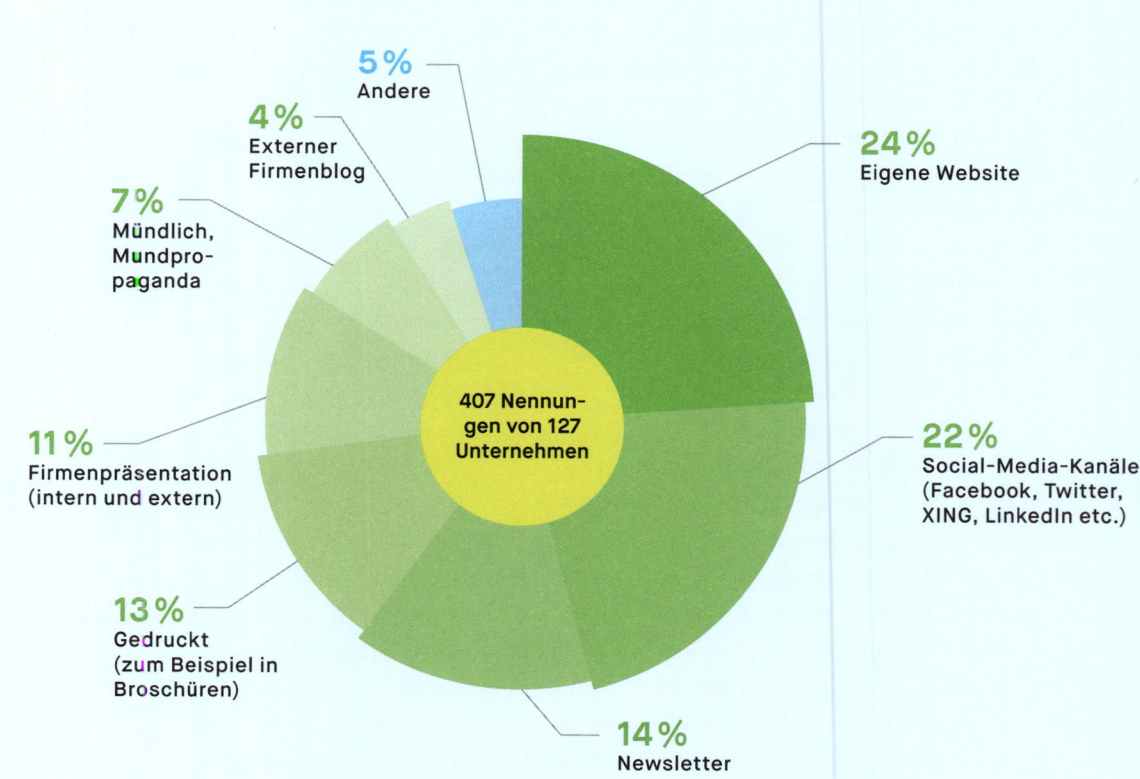

5 % Andere

4 % Externer Firmenblog

7 % Mündlich, Mundpropaganda

11 % Firmenpräsentation (intern und extern)

13 % Gedruckt (zum Beispiel in Broschüren)

14 % Newsletter

407 Nennungen von 127 Unternehmen

24 % Eigene Website

22 % Social-Media-Kanäle (Facebook, Twitter, XING, LinkedIn etc.)

Multichannel) richten muss. Ein Teilnehmer sagt, dass die Geschichten von Kundenerfolgen auf eine eigene Landingpage führten, von der Interessierte der Volltext der Kundengeschichten kostenlos herunterladen könnten. Er führt weiter aus, dass sein Unternehmen die Geschichten auf den Social-Media-Kanälen sowie in Newslettern «pushe». Anschliessend würden die Erfolgsgeschichten an Events als hochwertige Broschüre verteilt. Dieser Einsatz respektive die Verteilung einer Geschichte in diversen Formaten und über mehrere Kanäle ist eine wichtige Komponente des Storytellings. Wie die Studie zeigt, wird dies von den Unternehmen zum Teil bereits umgesetzt.

Investitionen in Storytelling

Die Auswertung zeigt, dass 60 Prozent der Schweizer Unternehmen für Storytelling ein eigenes Budget erstellen. Dabei werden auch externe Ressourcen in Anspruch genommen, darunter PR- und Kommunikationsagenturen. Bei den restlichen 40 Prozent der befragten Unternehmen erfolgt Storytelling im Rahmen der bestehenden Budgets.

Selbst Kleinst- und Kleinunternehmen sind bereit, in Storytelling zu investieren: Kleinstunternehmen wenden bis zu 35 000 Franken auf, Kleinunternehmen zwischen 7500 und 150 000 Franken. In den Bereichen IT (Informationstechnologie)

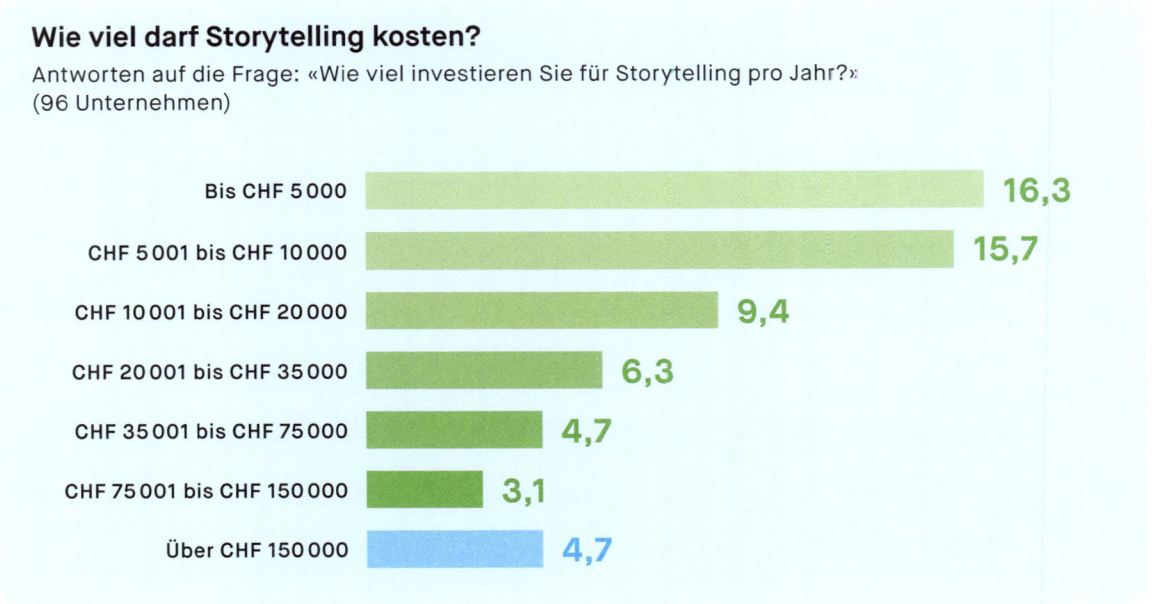

Wie viel darf Storytelling kosten?
Antworten auf die Frage: «Wie viel investieren Sie für Storytelling pro Jahr?»
(96 Unternehmen)

Bis CHF 5 000	16,3
CHF 5 001 bis CHF 10 000	15,7
CHF 10 001 bis CHF 20 000	9,4
CHF 20 001 bis CHF 35 000	6,3
CHF 35 001 bis CHF 75 000	4,7
CHF 75 001 bis CHF 150 000	3,1
Über CHF 150 000	4,7

und Services, Information und Kommunikation, Vermögensverwaltung, Herstellung von Waren sowie Gesundheits- und Sozialwesen wird für das Storytelling teilweise sogar mehr als 150 000 Franken jährlich budgetiert. Wie angenommen verfügen die grösseren Unternehmen auch über höhere Budgets (40 Prozent der Befragten kennen ihr Budget nicht bzw. haben die Frage nicht beantwortet).

Ein Unternehmen gab an, dass die digitale Kommunikation kein Problem darstelle und es die Massnahmen dafür finanzieren könne. Das Unternehmen nennt das Beispiel von Videostorys für die Rekrutierung neuer Angestellter. Hier hat die Firma in die Ausbildung von Mitarbeitenden zu Videomoderatoren investiert.

Lohnt sich die Investition in Storytelling?

Die Mehrheit – 43 Prozent der befragten Unternehmen – gibt an, dass sich Storytelling auf jeden Fall lohne; weitere 28 Prozent meinen, dass Storytelling mehrheitlich von Nutzen sei. Sämtliche Firmen, die gewichtig in Storytelling investieren (ab 35 000 Franken pro Jahr), ziehen daraus einen Nutzen. Es scheint demnach, dass die Schweizer Unternehmen die Vorteile von Storytelling entdeckt haben. Nur gerade vier der 127 befragten Unternehmen gaben an, dass sich Storytelling für sie eher weniger bezahlt mache.

Für 70 % der befragten Schweizer Unternehmen zahlt sich Storytelling aus.

Ein Viertel der befragten Unternehmen hat (noch) keine Erfahrungswerte: «Leider liegen uns keine aussagekräftigen Daten vor, da das Storytelling noch in den Kinderschuhen steckt.» Oder es fehlen die Analysetools für eine quantitative und/oder qualitative Auswertung. Ein anderes Unternehmen sagt, dass man keine Aussagen über Erfolg, Wirkung und Zielerreichung machen könne, da die Messkriterien und -tools fehlten. Dies zeigt den Bedarf an Hilfsmitteln, mit denen sich Ziele formulieren und auch messen lassen. Wie Sie dies tun können, erfahren Sie in der Toolbox in Kapitel 3.

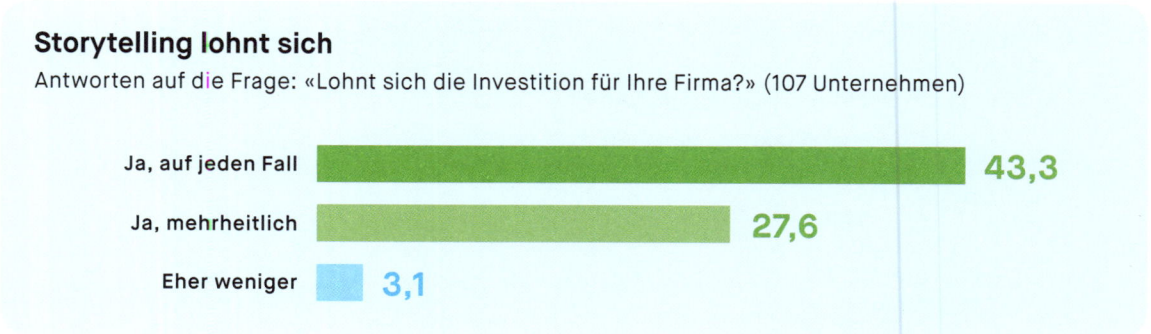

Storytelling lohnt sich

Antworten auf die Frage: «Lohnt sich die Investition für Ihre Firma?» (107 Unternehmen)

Ja, auf jeden Fall	43,3
Ja, mehrheitlich	27,6
Eher weniger	3,1

Wo Storytelling den grössten Nutzen bringt

Für die Befragten bringt Storytelling den grössten Nutzen, wenn es darum geht, die Sichtbarkeit des Unternehmens zu steigern. Ebenfalls hoch bewertet werden die Vertrauensbildung sowie der Imagegewinn. Als etwas weniger wichtig stufen die Befragten die Kundengewinnung und die Möglichkeit, das Unternehmen erfolgreich als Branchenführer zu positionieren, ein. Der Verkauf, das Vermitteln von Werten und die Verbesserung der Zusammenarbeit sind für die Unternehmen ebenfalls wichtig.

Grundsätzlich stimmen also die angestrebten Ziele mit dem erreichten Nutzen überein. Die Umfrage bei Schweizer Unternehmen bestätigt die in der Literatur aufgezählten Vorteile und Nutzen des Storytellings für den Markt: Storytelling hilft die Bekanntheit zu steigern, Vertrauen aufzubauen und Werte zu vermitteln.

So nützt Storytelling

Antworten auf die Frage: «In welchem Bereich/welchen Bereichen hat Storytelling den höchsten Mehrnutzen gebracht?»

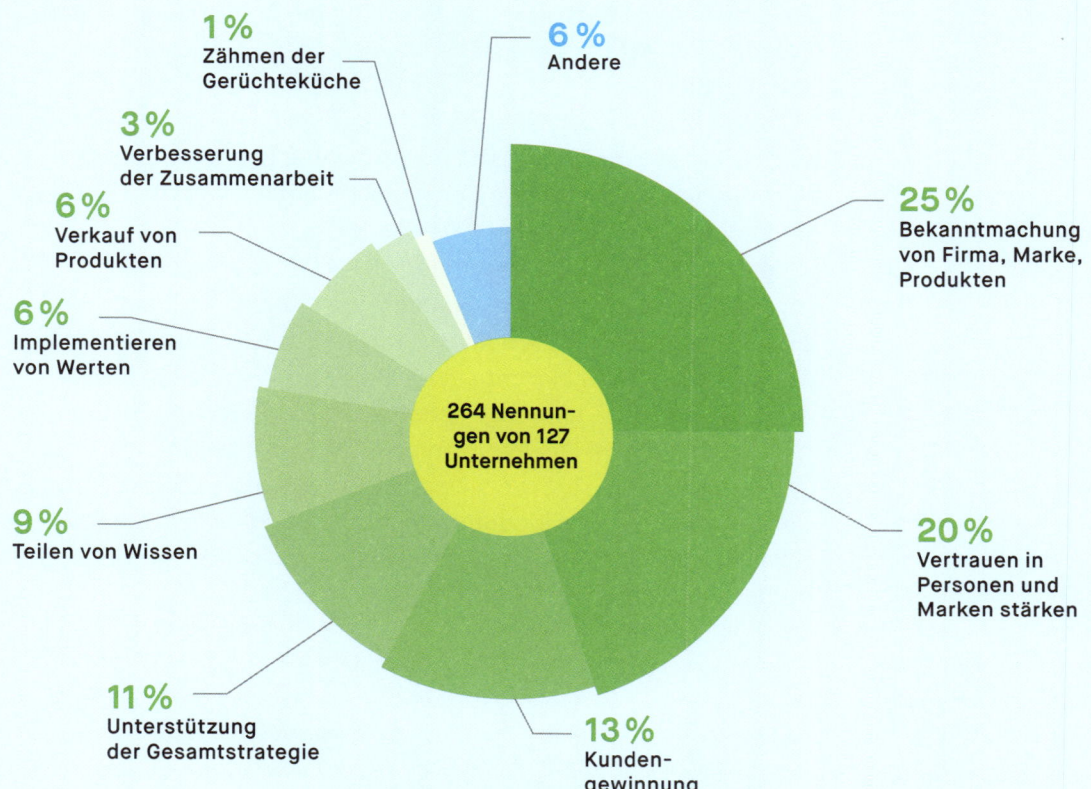

1 %
Zähmen der
Gerüchteküche

6 %
Andere

3 %
Verbesserung
der Zusammenarbeit

25 %
Bekanntmachung
von Firma, Marke,
Produkten

6 %
Verkauf von
Produkten

6 %
Implementieren
von Werten

264 Nennungen von 127
Unternehmen

9 %
Teilen von Wissen

20 %
Vertrauen in
Personen und
Marken stärken

11 %
Unterstützung
der Gesamtstrategie

13 %
Kunden-
gewinnung

FAZIT

Eine wesentliche Erkenntnis aus der Schweizer Studie lautet: Storytelling wird als wichtiges Konzept in der Kommunikation bzw. im Content-Marketing betrachtet und vielerorts bereits angewendet. Wie erwartet investieren Grossunternehmen mehr in dieses Marketinginstrument als KMU. Aber genau hier liegt eine Chance. Denn erfolgreiches Storytelling ist nicht von der Grösse einer Firma abhängig. Mit dem richtigen Einsatz und in den digitalen Kanälen lässt sich auch mit kleinem Budget eine Marktpräsenz aufbauen.

Storytelling bildet bei der Hälfte der befragten Schweizer Unternehmen die Grundlage für die Kommunikationsarbeit und für Kampagnen. Die meisten Unternehmen wollen damit folgende Ziele erreichen:

- Bekanntmachung der Firma, der Marke bzw. der Produkte
- Stärkung des Vertrauens in Mitarbeitende, Persönlichkeiten und Marken
- Kundengewinnung

Genutzt werden dazu vor allem Texte, Bilder, Grafiken und Videos. Weiter unten auf der Liste stehen Audio und Interaktionen, zum Beispiel Spiele.

Positiv zu bewerten ist, dass der am stärksten genutzte Kanal die eigene Unternehmenswebsite ist. An zweiter Stelle werden die verschiedenen sozialen Medien genannt, gefolgt von Newsletter, gedruckten Unterlagen und Präsentationen.

In der Praxis fällt auf, dass gerade die KMU zwar informative Inhalte liefern, aber nicht im Rahmen von Storytelling. Häufig sind es Informationen, die sie mit visuellen Elementen ausschmücken. Auch wird das Potenzial der sozialen Medien längst nicht ausgeschöpft. Die Vermutung liegt nahe, dass das Wissen um die Eigenheiten der Formate und Plattformen nicht vorhanden ist.

Die Investitionen in Storytelling zahlen sich aus: Über zwei Drittel der befragten Schweizer Unternehmen bestätigen dies. Mit Storytelling lassen sich Bekanntheit, Vertrauen und Kundengewinnung verbessern.

2 Storytelling: die Praxis

Der Medienkonsum beeinflusst unsere Wahrnehmung und unsere Aufmerksamkeitsspanne. Umso entscheidender sind die Art, das «Wie», wie wir mit unserer Zielgruppe kommunizieren, und der Ort, das «Wo». Je einfacher, emotionaler und vielfältiger, desto erfolgreicher. Eine der besten Techniken hierfür ist das Storytelling.

Grundlagen des Storytellings

Geschichten gibt es, seit es Menschen gibt. Und auch die heutigen Menschen lieben Geschichten. Bloss die Methoden des Erzählens haben sich über die Jahrhunderte verändert. Doch nach wie vor gilt: Eine gute Story packt die Zuhörerinnen oder Leser und spricht sie emotional an.

Attraktive Botschaften sollen die Kundinnen und Kunden – und alle, die es werden könnten – abholen und im übergrossen Meer an Informationen ihre Aufmerksamkeit erregen. Hier finden Sie wichtige Ansätze für das Gestalten solcher Storys.

Von der Push- zur Pull-Kommunikation

In der Vergangenheit gingen die Kommunikationsprofis von einem klassischen Sender-/Empfänger-Modell aus, dem Austausch von Informationen zwischen zwei Systemen oder Akteuren: Unternehmen sandten ihre Botschaft direkt an ihre primäre Zielgruppe, die Konsumentinnen und Konsumenten. Public Relations, die Öffentlichkeitsarbeit der Unternehmen, ging dabei einen kleinen Umweg und nutzte sekundäre Zielgruppen, also Journalistinnen und Journalisten oder andere Meinungsbildner, als Vermittelnde und Multiplikatoren.

Im digitalen Zeitalter sieht die Welt ganz anders aus. War früher Massenkommunikation eine hochgradig professionalisierte Aufgabe, so ist heute jede Person Senderin und Empfängerin. Die Menschen sind verlinkt und vernetzt, querbeet über alle elektronischen Schranken hinweg. Dialog-Netzwerk heisst folgerichtig das neue Modell.

An diesem Wandel haben die sozialen Medien und die ihnen zugrunde liegenden Technologien einen grossen Anteil. Durch Techniken wie RSS Feeds (Abonnieren von Informationen) und Social Sharing (Teilen von Informationen) ist innerhalb des Kommunikationsmodells eine neue Erfolgsformel entstanden: Pull over Push.

- Push-Kommunikation (auch Outbound genannt) ist das klassische aktive Senden von Informationen im Sinne von automatisierten «Das-könnte-Sie-interessieren»-Angeboten.
- Pull-Botschaften (auch Inbound genannt) dagegen werden von den Rezipienten freiwillig und aktiv herangezogen bzw. konsumiert.

Pull oder Push: Das Bereitstellen attraktiver Storys bringt mehr Erfolg als das Versenden von Angeboten.

Pull-Botschaften erzielen in den meisten Fällen einen weit höheren Erfolg. Pull-Kommunikation funktioniert jedoch nur, wenn die Leserin, der Leser die angebotenen Inhalte will. Die Empfänger stehen also im Zentrum aller Überlegungen beim Erstellen von interessanten Inhalten, dem Content-Marketing.

Letztendlich kommt es auf die Kraft der Botschaft an, ob diese wahrgenommen wird, Aufmerksamkeit weckt, gelikt und geteilt wird. Und innerhalb des Dialog-Netzwerk-Modells schaffen es vor allem Geschichten, magnetisch zu wirken und eine virale Verbreitung zu erlangen.

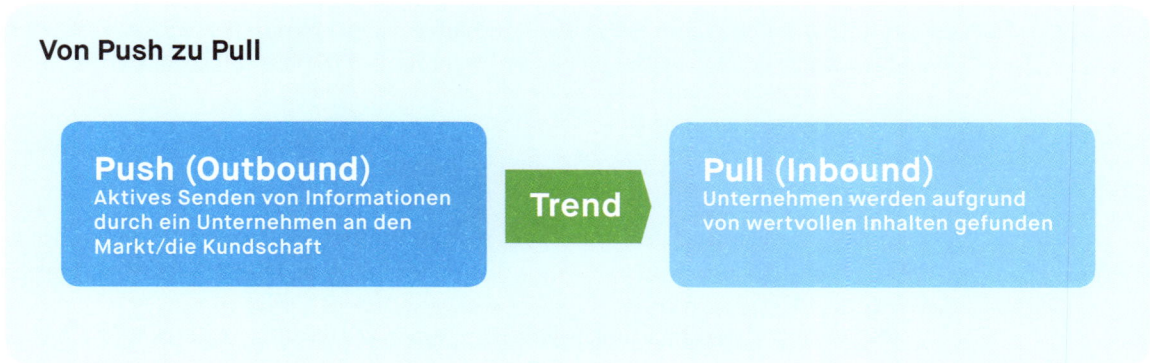

Der Medienkonsum und seine Folgen – die Mär von den acht Sekunden

Unsere Aufmerksamkeitsspanne liegt gerade mal bei acht Sekunden – eine Sekunde unter der eines Goldfisches. Das zumindest wird weltweit auf den sozialen Medien beschrieben. Wie drastisch die Auswirkungen dieses Zustands sind, erklärt Thomas Pyczak mit einer einfachen Analogie: Auf einer Website gehen allein drei Sekunden für den ersten Überblick verloren. Bleiben noch fünf Sekunden. Wie viele Wörter liest man in dieser Zeit? Bestimmt nicht mehr als 20 – eher 15. Die Kunst besteht also darin, eine Geschichte zu erzählen, deren Ausgang jeder nach den ersten 15 Wörtern wissen will.

10
Literatur

Auch wenn der Goldfischvergleich hinken mag, Tatsache ist, dass der Medienkonsum unsere Wahrnehmung und unsere Aufmerksamkeitsspanne beeinflusst. Gleichzeitig fördern soziale Netzwerke eine sehr schnelle und fragmentierte Kommunikation. Auf dem Smartphone beschränken wir uns auf Kurznachrichten. Twitter erlaubt uns sowieso nur 280 Zeichen. «Snackable Content» (bekömmliche Inhalte) nennen das die Kommunikationsprofis. Zudem verzichten wir

Ihre Inhalte müssen in wenigen Sekunden überzeugen.

immer mehr auf Worte und überlassen das Sprechen den Bildern. Das Ergebnis ist ein schneller, oberflächlicher Informationsaustausch in kleinen Häppchen, die süchtig machen.

Der Architekt und Philosoph Georg Franck nennt dieses Phänomen «Ökonomie der Aufmerksamkeit»: Information und Kommunikation umgeben uns ständig und überall, mit der Folge, dass das Ringen um Aufmerksamkeit zur wichtigsten Aufgabe in der Informationsgesellschaft wird.

Literatur

Mehr denn je sind denn auch Kommunikationsprofis auf der Suche nach Techniken, die die Aufmerksamkeit von Konsumierenden, Mitarbeitenden und Geschäftspartnern wecken. Nach Möglichkeiten, den Informationsüberfluss zu überwinden und Botschaften zum Durchbruch zu verhelfen. Hier erweist sich Storytelling derzeit als eine der Erfolg versprechendsten Techniken in der digitalisierten Welt.

Ökonomie der Aufmerksamkeit: wie der Funke überspringt

Literatur

Die aufgeklärte Kundin, der aufgeklärte Kunde von heute ist deutlich weniger loyal zu Marken und Unternehmen, als dies früher der Fall war. Dieser Verlust an Loyalität wird sich weiter fortsetzen.

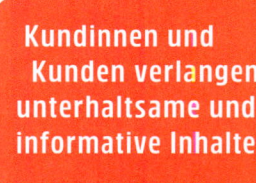

Kundinnen und Kunden sind zudem kritischer geworden und machen sich ein eigenes Bild vom Angebot eines Unternehmens. Sie sind durchaus bereit, sich zu informieren, sich weiterzubilden, sich Geschichten anderer Kundinnen und Kunden eines Produkts anzuhören – solange der Inhalt unterhaltsam, spannend oder informativ ist. Nur das ist für sie relevant.

Die auf Smartphones installierten Apps zeigen Ihnen, welche Art von Content Kundinnen und Kunden schätzen:

- ■ Soziale Netzwerke bauen auf Beziehungen und gegenseitiger Bestätigung auf – das zeigt, dass sich Menschen für andere Leute interessieren.
- ■ News-Apps, Push Mail und Suchmaschinen zeigen, dass Menschen gern über Aktuelles informiert sind.
- ■ Unterhaltung ist alles, was Emotionen erzeugt, aber ansonsten keinen weiteren «Nutzen» bietet. Die Menschen suchen in der Unterhaltung etwas Entspannung.
- ■ Nützliches, Informationen und Wissen, die direkt in eine Handlung münden, zeigen, dass Menschen Inhalte und Dienstleistungen schätzen.

Literatur

Literatur

Längst sind nicht nur die Digital Natives, die jungen Leute zwischen 14 und 29, süchtig nach dem Onlinekonsum. Gemäss der letzten Net-Metrix-Studie surfen alle Altersklassen im Internet: Neun von zehn Menschen in der Schweiz sind regelmässig online: 5,5 Millionen von ihnen auf YouTube, 3,8 Millionen bei Facebook

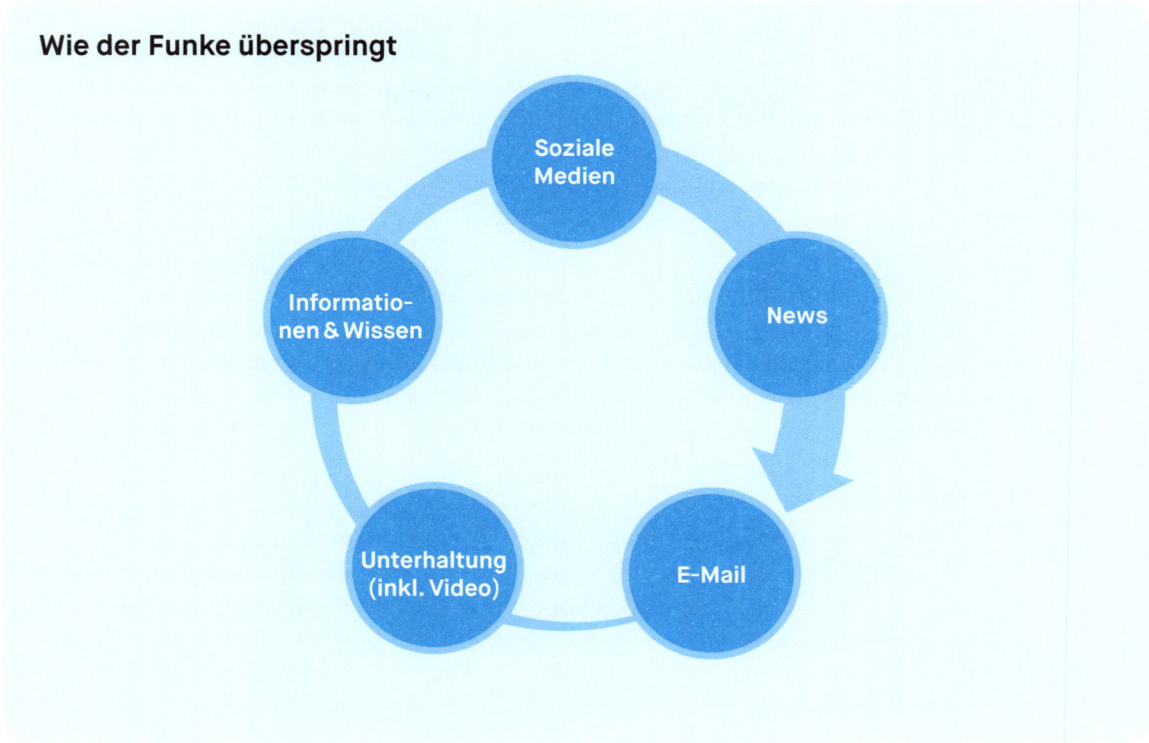

Wie der Funke überspringt

Soziale Medien

News

E-Mail

Unterhaltung (inkl. Video)

Informationen & Wissen

und 2,5 Millionen auf Instagram. Ist diese Information für Ihr Unternehmen wichtig? Darauf können Sie wetten.

Für Sie heisst das: Wo und wann auch immer Sie Ihre Kundinnen und Kunden treffen, stellen Sie sicher, dass Sie eine gute Story zu erzählen haben.

> **Unternehmen müssen aktiv und auf digitalen Kanälen informieren.**

Für Kunden von heute: Aristoteles und der Märchenonkel

Das Herausposaunen von Informationen ist nicht mehr gefragt, so viel wissen wir. Kaum jemand interessiert sich noch dafür, was Unternehmen alles können und was sie für Kunden Wichtiges tun.

Was bleibt uns also, wenn es langweilig ist, über Produkte im Detail zu sprechen? Ganz richtig, wir erzählen Geschichten. Im Zentrum der Vermarktung steht dann nicht mehr das Produkt, die Marke oder das Unternehmen, sondern eine Geschichte: Inhalte rund um Produkt und Marke.

Die Kommunikation hat im Geschäftsleben vor allem ein Ziel: Menschen zu überzeugen. «Persuasion» lautet der Fachbegriff dafür. Manager überzeugen Ge-

Geschichten machen Inhalte lebendig.

15 Literatur

16 Literatur

schäftspartner und Aktionäre von den Zielen und Strategien des Unternehmens. Marketing und Vertrieb überzeugen Kundinnen und Kunden von den Vorzügen der Produkte. Personalverantwortliche überzeugen potenzielle Mitarbeitende von den Karrierechancen und Leistungen im Unternehmen.

Schon lange haben Hirnforscher nachgewiesen, dass emotionale Überzeugung durch Geschichten weit erfolgreicher ist als die rationale Überzeugung, also die reine Aufzählung von Daten und Fakten. Es wird gesagt, dass Menschen sich Geschichten bis zu 22-mal besser merken als pure Fakten.

Der griechische Philosoph Aristoteles (384–322 v. Chr.) widmete sich einem ganz anderen Mittel der Persuasion, der Rede. Er beschrieb die drei Elemente Ethos, Pathos und Logos als wesentliche Bestandteile einer guten Rede.

- **Ethos:** Jede gute Rede braucht Glaubwürdigkeit und einen ehrenwerten Charakter, der für allgemeingültige Werte eintritt.
- **Pathos:** Jede gute Rede wirkt emotional. Sie löst bei den Zuhörenden starke Gefühle aus, inspiriert sie und weckt die Vorstellungskraft.
- **Logos:** Jede gute Rede folgt einer Struktur. Sie verknüpft Fakten und Daten in einem logischen Zusammenhang und erleichtert es dadurch den Zuhörenden, diese Fakten besser zu verstehen und sie sich zu merken.

Diese Elemente gelten für jede herausragende Geschichtenerzählerin genauso. Nur denken wir beim Begriff Geschichtenerzählen meist zuerst an Kindermärchen oder ans Weitergeben von erfundenen Geschichten. Geschichte steht aber gleichermassen für Historie und/oder für Ereignisse, die sich tatsächlich zugetragen haben. So betrachtet lässt sich die Historie eines Unternehmens, bildhaft als Story verpackt, in der Unternehmenskommunikation einsetzen.

17 Literatur

Das Beispiel einer Unternehmensgeschichte

Vor einigen Jahren untersuchte eine Forscherin die Websites aller DAX30-Unternehmen. Sie stellte fest, dass die meisten ihre Geschichte nüchtern und rational erzählen;

Aristoteles

Ethos (Glaubwürdigkeit) → **Pathos** (Emotionen) → **Logos** (Struktur)

als Aufzählung von Meilensteinen oder in Form eines Ergebnisprotokolls. Nur zwei der dreissig untersuchten Unternehmen erzählen ihre Geschichte tatsächlich als Gründerstory, also mit der Technik des Storytellings. Ein gutes Beispiel für solches Storytelling ist die Unternehmensgeschichte der HeidelbergCement:

18
Literatur

Beispiel | 1869: Die Geschichte beginnt ...

Johann Philipp Schifferdecker kommt 1811 als Ältester von 24 Kindern in einer Bierbrauerfamilie in Mosbach auf die Welt und zieht im Alter von 27 Jahren zu seinem Onkel nach Königsberg in Preussen (das heutige Kaliningrad in Russland). Dort baut er die Bierbrauerei seines Onkels aus und verkauft schliesslich 1869 im Alter von 58 Jahren seine Anteile an den Bruder, um in seine Heimat nach Baden zurückzukehren.

Auf der Zugfahrt von Königsberg nach Heidelberg ergibt sich – so die Legende – ein Gespräch mit einem Mitreisenden, aus dem Schifferdecker den Hinweis erhält, dass mit Portlandzement ein Vermögen zu machen sei. Zu dieser Zeit wird Portlandzement teuer aus England importiert. Die Idee zur Investition seines Vermögens in eine «Portland-Cement-Fabrik» ist geboren ...

1873–1895: Die Gründerjahre

1873 ist Schifferdecker zum richtigen Zeitpunkt am richtigen Ort und kann seine Idee in die Tat umsetzen. Die Stadt Heidelberg hatte versucht, durch Aufschüttung Land zu gewinnen. Das aufgeschüttete Material war jedoch abgeschwemmt worden, hatte sich im Mühlkanal der «Bergheimer Mühle» am Neckar festgesetzt und schliesslich den Mühlenbetreiber in den Ruin getrieben.

Für Schifferdecker ist die Mühle der ideale Standort für sein Zementwerk: Sie bietet Wasserkraft, die Möglichkeit zum Schiffstransport und die Nähe zur Bahn. Auch das Rohmaterial in der Umgebung scheint geeignet zu sein. Er ersteigert die Mühle im Konkursverfahren für 258 000 Goldmark (heute etwa 1,1 Millionen Euro) und baut sie zu einer Portlandzementfabrik um. Der Grundstein für den heutigen HeidelbergCement-Konzern ist gelegt.

Die Forscherin erklärt die inhaltlichen Merkmale, die hier die wichtigsten Meilensteine eines Unternehmens erst zu einer Geschichte machen:

- Der Text startet mit einer Charakterisierung des Gründers, in der persönliche Informationen zur Person, verknüpft mit ihrer beruflichen Vergangenheit, thematisiert werden. Auf der «legendären Zugfahrt» findet das Ereignis statt, das als Wendepunkt der Geschichte und als Ursprung der Geschäftsidee erzählt wird.
- Anschliessend werden die Herausforderung, der glückliche Moment und die Innovations- und Entscheidungskraft des Gründers eindringlich vermittelt.

- Zudem beinhaltet der Text einen echten Veränderungsprozess: Es wird eine Handlung mit einem Anfangs- und Endzustand beschrieben.
- Und schliesslich wird durch die Geschichte der Zugfahrt eine ungewöhnliche Form der Ideenentwicklung für ein neues Unternehmen inszeniert – und so das Kriterium der Ungewöhnlichkeit erfüllt.

Die Storyformel und die Kraft guter Geschichten

Geschichten erklären, warum sich Hobbyhandwerker besser vor Strom in Acht nehmen sollten, warum der Käse Würze hat, aber auch, warum wir geboren werden und warum wir sterben müssen.

19 Literatur

Karolina Frenzel und ihre Kollegen beschreiben die Kernelemente, die einen Text erst zu einer Geschichte machen:

- **Botschaft:** Jede Story hat eine Handlung, weist eine klare Botschaft auf, die relevant für die Zielgruppe ist.
- **Konflikt:** Jede Story beruht auf einem Problem. Sie enthält ein Drama! Eine blosse Aneinanderreihung von Erfolgsmeldungen ist keine Geschichte.
- **Plot:** Jede Story bewegt sich in einem uns bekannten Rahmen. Das lädt zur Identifikation ein: «Das habe ich auch schon erlebt.»
- **Darsteller:** Jede Story hat einen Helden – das Unternehmen selbst, das Team, die Kundin, den Gärtner.

Die Storytelling-Formel

Jede Geschichte enthält primär eine Kernaussage, einen Grund, weshalb sie erzählt wird. Für die Journalisten Marie Lampert und Rolf Wespe umfasst die Botschaft mehr als den Nachrichtenkern eines Beitrags. «Die News sind in der Regel der Anlass, eine Geschichte zu schreiben. Die Story bietet darüber hinaus Hintergrund und Zusammenhang. Sie lässt das Publikum die Bedeutung eines Ereignisses oder eines Sachverhalts ermessen.» Die beiden Autoren haben für das Herausfiltern der Kernaussage eine Storyformel entwickelt:

20 Literatur

Story = (Zielgruppe + Intention) + (Protagonist + Vorher/Nachher)

In die Praxis umgesetzt könnte eine solche Storyformel zum Beispiel folgendermassen lauten:

Vier Kernelemente machen einen Text zu einer Geschichte.

Beispiel | Die Lesenden sollen erfahren, wie sich ein junger Visionär in der Schweiz mit seiner E-Gitarre den Traum vom eigenen Unternehmen hart erarbeitet und wie ein Schweizer KMU ihn dabei unterstützt hat.

Kernelemente einer Story

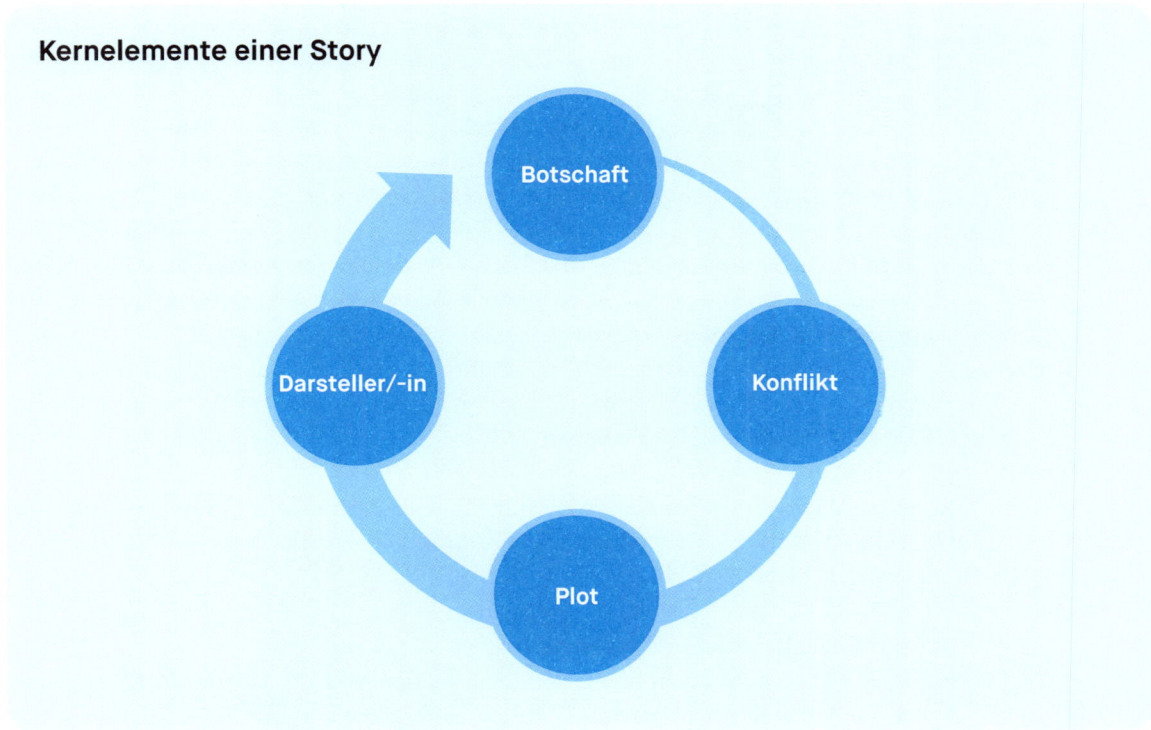

Zugegeben, diese Formulierung ist nicht gerade elegant. Aber sie lässt bereits eine Geschichte erahnen. Die Formel enthält die Zielgruppe und die Funktion des Textes. Sie nennt den Helden, den Ort und die Handlung. Und sie skizziert, was der Text ausserdem an Informationen rüberbringen soll. Gemäss Lampert und Wespe hat die Storyformel einen weiteren Vorteil: Sie liefert das Kriterium dafür, was ein guter Schluss und ein guter Anfang ist, und was eine stimmige Mitte. Wenn Anfang, Mitte und Ende einen klaren Bezug zur zentralen Aussage haben, kommt die Botschaft bei der Zielgruppe auch an. Der Einstieg in den Text von dem jungen Visionär liest sich so:

Beispiel | Er hatte keine Ahnung, wie lange er schon diesem Gedanken, diesem Wunsch nachhing, alles hinzuschmeissen, weg vom Jobprofil «Marketing- und Verkaufsleiter». Neue Wege gehen. Seine Berufung leben. Sein eigener Chef sein. Sein eigenes Produkt lancieren.

Im Mittelteil der Story geht es darum, wie der Jungunternehmer eine Partnerfirma für die Herstellung der Aluminiumrahmen seiner E-Gitarre gewinnen kann. Denn sein Nischenprodukt findet im Ausland nur dann Absatz, wenn er die Produktions-kosten möglichst tief halten kann. Der Schluss beschreibt seinen Erfolg:

> **Beispiel |** Die Schweizer können es einfach, ohne Wenn und Aber. Dafür gibts Lob und Respekt von den Amerikanern, den Gibson- und Fender-Fans. Und das macht ihn zu einem stolzen Unternehmer!

Storytelling bedeutet also nichts anderes als: Aufmerksamkeit holen, die Leserinnen und Leser bei der Stange halten und dafür sorgen, dass die Informationen ankommen und nicht vergessen werden.

Einsatzbereiche von Storytelling

Es gibt immer mehrere Perspektiven, um eine Geschichte zu erzählen. Entscheidend ist, welche Sichtweise zu den im Vorfeld bestimmten Themen passt und welches Ziel mit der Geschichte erreicht werden soll.

Anwendungsbeispiele für Storytelling

Ein Weg führt ins Innere des Unternehmens zu den gelebten Werten, zur Vision, zur Unternehmenskultur und zu den Mitarbeitenden. Ein anderer Weg führt hinaus in die Öffentlichkeit, im Fokus stehen dabei Kundenporträts, Anwenderbeispiele oder Markentrends.

- **Corporate-Storys** (Unternehmensgeschichten) basieren auf der Historie eines Unternehmens und halten den Geist der Gründer hoch. Sie verbessern oder halten die Reputation eines Unternehmens.
- **Employer-Storys** (Geschichten vom Arbeitgeber) machen das Unternehmen als Arbeitgeber für Mitarbeitende und Talente attraktiver. Ziel ist es, zukünftige Mitarbeitende in den verschiedenen Industrien in ihren Bedürfnissen zu berühren.
- **Thought-Leadership-Storys** (Vordenkergeschichten) etablieren das Unternehmen als Meinungsführer und bezeugen die Expertise in einem Fachbereich. Diese Vordenkerrolle kann sowohl eine einzelne Person einnehmen als auch das Unternehmen als Ganzes.
- **Marketing-Storys** (Marketinggeschichten) bringen die Marke oder das Unternehmen mit einem relevanten Thema oder Trend in Verbindung. Sie steigern und definieren das Image einer Marke.
- **Product-Storys** (Produktgeschichten) zielen auf die Kundinnen und Kunden ab. Sie sollen Aufmerksamkeit wecken und letztlich den Verkauf steigern. Sie erzählen, was das Produkt einmalig macht.

Gründe für Storytelling

Marken brauchen Geschichten. «Wir haben gar keine Wahl mehr», sagt der grosse amerikanische Storyteller Robert McKee. «Geschichten stimulieren die Fantasie, sie sind emotional, erzeugen Neugier, ziehen das Publikum in die Erzählung und bewirken, dass es ein Produkt kauft oder eine Marke liebt.»

21
Literatur

Die folgenden Argumente erklären, warum Geschichten für Ihr Unternehmen unentbehrlich sind:

- **Storytelling macht Ihr Unternehmen sichtbar**

  Nichts mögen Menschen mehr als Geschichten. Publizieren Sie regelmässig gute Geschichten, so bringen Sie Besucherinnen und Besucher auf Ihre Website. Wenn diesen Ihre Inhalte gefallen, werden sie auch gerne wiederkommen. Stammbesucher bewirken bei Suchmaschinen ein besseres Ranking.

- **Storytelling hält und verbessert Ihre Reputation**

  Jeder «Kommentar», jedes «Gefällt mir» oder «Teilen» bestätigt die Identität Ihres Unternehmens. Unterhaltende Geschichten führen zu Interaktion. Content (Inhalte), der zu Interaktion führt, sagt Facebook und dem Rest der Welt, dass Ihre Marke den Kundinnen und Kunden wichtig ist.

- **Storytelling weckt bei Ihrer Kundschaft Vertrauen**

  Ihre Zielgruppe kann sich mit Ihrem Unternehmen identifizieren und «anfreunden». Die emotionale Verbundenheit, die Sie durch Storytelling aufbauen, zahlt sich an dem Tag aus, an dem Sie die potenzielle Kundschaft zu einer Handlung auffordern.

- **Storytelling bringt Ihr Unternehmen ins Gespräch**

  Geschichten lassen sich über die sozialen Medien wunderbar verbreiten. Gute Geschichten lösen bei den Leserinnen und Lesern Emotionen aus. Wenn ihnen die Geschichte gefällt, wird diese wahrscheinlich mit anderen geteilt (Mundpropaganda) – zu einem Bruchteil der Kosten der meisten anderen Medien.

- **Storytelling zahlt sich aus**

  Geschichten verkaufen, ohne zu verkaufen. Marken, die mit einer Geschichte verknüpft sind, haben einen klaren Vorteil. Denn Geschichten sind ein mächtiges Instrument und steigern den emotionalen Wert einer Marke oder eines Produkts.

Aus Trödelware werden Wertgegenstände

Sie zweifeln noch an der Kraft, die guten Geschichten innewohnt, oder daran, dass Storytelling auch finanziell einen Mehrwert für Ihr Unternehmen bietet? Dann besuchen Sie die Website «Significant Objects» (bedeutungsvolle Objekte). Joshua Glenn und Rob Walker beweisen anhand von realen Beispielen, dass Geschichten Produkte nicht nur emotionaler, sondern auch objektiv wertvoller machen. Wie haben sie das gemacht?

22
Literatur

Die beiden Amerikaner haben in Trödelläden und auf Flohmärkten für wenige Dollar 100 Objekte gekauft – ein Nadelkissen, einen Holzhammer, eine russische Hippie-Puppe. Sie baten Bestsellerautorinnen und -autoren, eine Geschichte rund um eines dieser Objekte zu schreiben. Anschliessend verkauften sie jeden einzelnen Gegenstand zusammen mit der Geschichte über eBay. Und siehe da: Alle Objekte erzielten ein Vielfaches des Einkaufswerts. Die Geschichten sind alle erfunden und dennoch entlocken sie uns ein kleines Schmunzeln, weil sie so unverblümt authentisch sind und irgendwie nach Wahrheit klingen.

📖 23
Literatur

Die Geschichte vom «Toy Toaster» könnte sich genau so zugetragen haben. Jonathan Goldstein erzählt von seinem Onkel Dwayne, von dem er auch zwanzig Jahre nach dessen Tod nicht richtig zu sagen vermag, ob er ein wohlwollender Opa-Walton-Typ oder ein heimlicher sadistischer Performancekünstler war. Hier ist Goldsteins Geschichte in gekürzter Fassung:

Beispiel | Jedes Jahr hat Dwayne uns Enkelkindern zum Geburtstag ein Spielzeug geschenkt, das irgendwelche Haushaltsgeräte nachahmen sollte. Einmal war es eine Spielzeugkaffeemaschine, ein andermal eine Spielzeugkochplatte oder ein Spielzeugstaubsauger. Sie sahen fast immer echt aus – abgesehen von der Tatsache, dass sie nicht funktionierten.

An meinem siebten Geburtstag schenkte mir mein Onkel einen Spielzeugtoaster. Ich erinnere mich an viele Nachmittage, an denen ich in den Schlitz schaute und wirklich hoffte, ich könnte die Hitze im Inneren langsam orange werden sehen.

Heute stelle ich mir den Toaster als eine Art Trainingsgerät vor – nicht um meinen Bizeps zu stärken, sondern zur Stärkung eines kindlichen Muskels: der Fähigkeit zur Hoffnung. Vielleicht hat Onkel Dwayne versucht uns zu lehren, dass Dinge einen Wert haben, der über das hinausgeht, was sie tatsächlich erreichen können.

Noch wahrscheinlicher aber ist, dass er bei uns Müll deponierte, den er nicht mehr brauchte.

> **Geschichten machen Produkte nicht nur emotionaler, sondern auch wertvoller.**

Der Einkaufspreis des Toy Toasters lag bei 2 Dollar – versteigert wurde er für 6.25 Dollar.

FAZIT

Die Kommunikation hat im Geschäftsleben vor allem ein Ziel: Menschen zu überzeugen. Hirnforscher haben längst nachgewiesen, dass die emotionale Überzeugung, die aus miterlebten Geschichten entsteht, weit erfolgreicher ist als eine pure Aufzählung von Daten und Zahlen. Im Ringen um Aufmerksamkeit ist Storytelling zudem eine gute Technik, um Botschaften zum Durchbruch zu verhelfen und sie im Gedächtnis der Zielgruppe zu speichern.

Kundinnen und Kunden sind kritischer geworden und machen sich ein eigenes Bild vom Angebot eines Unternehmens. Sie wollen unterhalten werden oder suchen nach nützlichen Informationen, die direkt in eine Handlung münden. Stellen Sie Informationen bereit, die auf Ihr Publikum und auf die Problemlösung ausgerichtet sind. Versuchen Sie, im scheinbar Sachlichen die innere Logik zu entdecken, die Zusammenhänge, die Dramaturgie. Und erzählen Sie daraus eine Geschichte. Wählen Sie dafür die passende Perspektive. Entscheidend ist, welche Sichtweise zu den im Vorfeld bestimmten Themen passt und welches Ziel mit der Geschichte erreicht werden soll.

Content – die Inhalte

Das Medienverhalten ändert sich, die Medienformate ändern sich und wir lernen, uns anzupassen. Betrachten wir die Medienwelt, stellen wir schnell fest, dass heute Formate wie Fotos, animierte Bilder (GIFs), Infografiken, aber auch Emojis, Snaps, Videos, Kurz- bzw. Erklärfilme, Dokumentationen und Filmreportagen in Werbung und Kommunikation dominieren.

Noch nutzen Unternehmen die erzählerischen Möglichkeiten von Multimedia viel zu wenig. Es fehlt an Zeit, Fachwissen, Infrastruktur und Tools. Das grösste Hindernis aber ist, dass wir in den immer gleichen Bahnen denken. Das ist schade, denn die Mediennutzungsforschung zeigt: Multimediale Inhalte haben weit mehr Informationsgehalt als Artikel, die aus reinem Text bestehen.

²/₃ aller Inhalte auf den Social Media sind Bilder und Videos.

Kino im Kopf

Visuelles Storytelling ist die Kunst, mit Worten Bilder zu malen und mit Bildern neue Texte zu schaffen, erklären Petra Sammer und Ulrike Heppel in ihrem neusten Buch. Storyteller wissen um die Macht starker Bilder und bauen sie bewusst gewählt in die Handlung mit ein. Denn jedes Bildelement versorgt die Leserin, den Leser mit zusätzlichen Informationen und kann so die Geschichte entscheidend weitererzählen.

Bilder haben längst die Vorherrschaft übernommen und sind ihrer Rolle als nette Textbegleiter entwachsen. Folgende Zahlen überraschen daher kaum:

Literatur

- Zwei Drittel aller Inhalte in den sozialen Medien sind Bilder und Videos (Tendenz steigend).
- Bilder nehmen wir 60 000-mal schneller auf als Text.
- Visuelle Inhalte werden in Social Media 40-mal häufiger geteilt als andere Posts.
- Täglich werden auf Facebook 350 Millionen Fotos hochgeladen. Bei Snapchat kommen jede Sekunde fast 9000 Bilder dazu.

Literatur

Was sind mächtige Bilder?

Für Jonathan Klein, CEO von Getty Images, sind mächtige Bilder authentisch, besitzen eine kulturelle Relevanz, eine sinnliche Qualität und zeigen klassische erzählerische Archetypen. Die Erfolgsformel von Getty Images kurz erklärt:

1. Authentizität

Häufig schmücken Unternehmen ihre Präsentationen oder Angebote mit sogenannten Symbolbildern. Wir alle kennen sie: Männer und Frauen in adretter Kleidung, die sich an Besprechungstischen die Hand reichen. Der Nachrichtenwert solcher Bilder ist sehr gering. Sie sind inszeniert und darum flach, austauschbar und langweilig. Wir aber wollen grossartige Bilder, die eine Geschichte erzählen.

2. Kulturelle Relevanz

Erfolgreich sind Bilder, die uns auf ein konkretes Ereignis, ein Datum oder auf ein bestimmtes Thema hinweisen – zeitgemässe Bilder, die einen Bezug zum Jetzt herstellen. Sie sprechen uns mit unseren Interessen und Bedürfnissen an und wecken unsere Erinnerungen und Erfahrungen. Diversität (Diversity) ist zum Beispiel ein solches Thema.

3. Sinnliche Qualität

Je mehr wir uns mit digitaler Technologie umgeben, umso mehr sehnen wir uns nach Dingen, die wir fühlen, schmecken und riechen können. Nach Bildern, die uns die Motive zum Greifen nah zeigen, sodass wir sie zu spüren glauben: Genau auf dieser Psychologie basiert die Kommunikation bildstarker Marken.

4. Klassische Archetypen

Jede gute Geschichte braucht eine Heldin, einen Helden. Heldinnen und Helden sind anders als die übliche Zielgruppenbeschreibung, mit der Marketing und PR in der Regel arbeiten (mehr zu Helden auf Seite 137). Wie erfolgreich ein Bild ist, hängt stark davon ab, wie sehr es uns gelingt, bei den Betrachtenden eine Identifikation mit dem Protagonisten herzustellen.

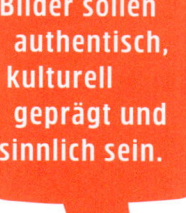

Bilder sollen authentisch, kulturell geprägt und sinnlich sein.

Sechs Motive, die für Beachtung sorgen

Sammer und Heppel nennen in ihrem Buch das Erfolgsrezept für starke Bilder. Es sind sechs Bildtypen, die online – aber auch offline – für Beachtung sorgen.

1. Hingucker

Hingucker-Bilder überraschen, sie irritieren oder provozieren. Sie locken mit visuellen Reizen. Diese Art Bilder durchbricht in der Regel unsere konventionellen Sehgewohnheiten und garantiert die Frage: «Was ist denn hier passiert?»

24

Literatur

2. Schnellschuss

Schnellschüsse zielen effizient ins Hirn. Sie sind simpel, logisch aufgebaut, reduziert in der Optik und fokussieren auf den wichtigsten Aspekt. Besonders geeignet für eine schnelle, einfache Darstellung sind animierte Bilder und Infografiken. Sie bringen die Betrachtenden zur Aussage: «So ist es also. Habe verstanden.»

3. Augenschmaus

Augenschmaus-Bilder sind ästhetisch, hochwertig und optisch anspruchsvoll. Sie sind gefällig und wohltuend anzusehen. Sie stehen meist für grosse Passion, sind grosszügig, aber auch detailverliebt. Es sind Bilder, die uns innehalten und durchatmen lassen. Daher funktionieren sie online ganz besonders gut.

4. Türöffner

Mit Türöffner-Bildern regen Sie die Fantasie Ihres Publikums an, öffnen eine Tür zu einer neuen Welt. Sie machen neugierig auf die Geschichte hinter dem Bild. Türöffner-Bilder bieten uns Projektionsflächen für unsere Träume und Wünsche. Virtual Reality eignet sich hervorragend, um uns in andere Welten zu entführen.

5. Zeitgeist

Bilder, die sich auf den Zeitgeist beziehen, zitieren Altbekanntes und wecken unsere Erinnerung. Solche Bilder arbeiten bewusst mit unserem Wissen und schrecken vor keinem Thema zurück. Sie sind humorvoll und ironisch. Schamlos bedienen sie sich aus allen Bereichen des öffentlichen Lebens.

6. Trittbrettfahrer

Hier geht es um Internet-Memes, schnell aufbrausende Konversationen, Witze und Minitrends, über die jeder spricht, sich kurz aufregt, lacht, mitdiskutiert und die man gleich wieder vergisst. Trittbrettfahren passiert in Echtzeit. Mit dem richtigen Timing und einer guten Tonalität kann es sehr attraktiv sein.

> **Bilder sollen Hingucker und emotional sein.**

Wenn Sie die hier beschriebenen zehn Punkte berücksichtigen, werden Ihre Bilder die gewünschte Resonanz erreichen – sie werden gelikt und geteilt.

Im Spannungsfeld von Big Data

In der neuen Onlinewelt stehen unzählige Daten über Unternehmen, Kunden und ihr Verhalten zur Verfügung – Big Data. Aus diesen Datenmengen können Unternehmen lernen, sie können Vorhersagen treffen und so ihr Geschäft erfolgreicher betreiben.

Reine Datenanalysen sind nicht besonders attraktiv. Datengeschichten (Daten-Storytelling) helfen, analytische Inhalte an ein nicht analytisches Publikum zu transportieren. Es gilt, aus der Fülle an Informationen die Essenz herauszuziehen und sie so zu präsentieren, dass das Publikum sie begreift und interessant findet.

Es braucht Zeit, um kreativ darüber nachzudenken, wie man mit Daten eine gute Geschichte erzählt. Gerade analytisch begabte Menschen gehören nicht unbedingt zu den emotionalsten Geschichtenerzählern. Viele Analysten würden sich vermutlich weigern, dem Thema Kommunikation so viel Zeit zu widmen. Was wiederum zur Folge hat, dass das Erheben von Daten kaum Auswirkungen auf Entscheidungen und Massnahmen eines Unternehmens hat.

Einer der renommiertesten Datenforscher der USA, Thomas H. Davenport, setzt sich in seinen Büchern für Daten-Storytelling ein. Er nennt gleich mehrere Gründe, warum beschreibende Datenanalysen für Unternehmen wichtig sind:

- Geschichten liefern Kontext, Erkenntnisse und Interpretationen: Eigenschaften, die Daten einen Sinn geben und Analysen relevanter und interessanter machen.
- Es spielt keine Rolle, wie beeindruckend Ihre Analyse ist oder wie hochwertig die Daten sind. Ist die Auswertung für die Zielgruppe nicht nachvollziehbar, kann sie auf deren Grundlage auch keine Entscheide treffen.
- Auch wenn die meisten Menschen Datenanalysen nicht im Detail verstehen, wollen sie doch Zahlen als Beweise sehen. Die wirkungsvollsten Geschichten kombinieren Daten und Analysen aus der Sicht echter Menschen oder Organisationen.
- Das Aufbereiten von Daten ist meist sehr zeitintensiv, die Detailergebnisse sind langweilig anzusehen. Gefragt ist eine Übersicht, die die wesentlichen Zahlen und Fakten auf knappe, aber prägnante Weise zusammenfasst. Geschichten eignen sich dafür besonders gut.

27 Literatur

> Datengeschichten helfen, analytische Inhalte zu kommunizieren.

Datengeschichten erzählen

Das folgende Beispiel zeigt, wie eine Geschichte Daten so vitalisiert, dass sie verstanden werden können: Eine Umfrage unter 23 000 Mitarbeitenden über verschiedene Firmen und Branchen hinweg hat unter anderem folgende Ergebnisse geliefert:

- Nur 37 Prozent der Befragten sagen, dass sie eine gute Vorstellung davon haben, was ihre Organisation erreichen möchte und warum.
- Nur jeder Fünfte ist von den Zielen seines Teams und seines Unternehmens überzeugt und begeistert.
- Nur jeder Fünfte sieht eine klare Blickrichtung zwischen den eigenen Aufgaben und den Zielen seines Teams und seines Unternehmens.
- Nur 15 Prozent denken, dass ihre Organisation sie komplett dazu ermächtigt, ihre wichtigsten Ziele zu erreichen.
- Nur 20 Prozent vertrauen dem Unternehmen, für das sie arbeiten, komplett.

28 Literatur

Erst eine Analogie mit einem uns vertrauten Bild bringt ans Tageslicht, wie alarmierend dieser Zustand tatsächlich ist.

Beispiel | Wenn die Befragung eines Fussballteams die gleichen Ergebnisse liefern würde, bedeutete dies, dass:
- Nur vier von elf Spielern auf dem Feld wüssten, welches Tor dasjenige ihrer Mannschaft ist.
- Nur zwei von elf das überhaupt kümmern würde.
- Nur zwei von elf wüssten, auf welcher Position sie spielen und was genau sie dort zu tun haben.
- Alle ausser zwei Spielern auf die eine oder andere Art eher gegen ihr eigenes Team als gegen den Kontrahenten kämpfen würden.

Leinwandhelden

Kein anderes Medium ist für Storytelling so gut geeignet wie Film und Video, ganz egal ob kurz oder lang. Wer häufig ins Kino geht, weiss um die Dramaturgie und die Spannungskurven, die uns 100 Minuten lang in Atem halten, wenn es für die Heldin, den Helden zusehends schlimmer wird. Immer tiefer rutscht die Hauptfigur, von einer verzweifelten Lage in die nächste. Die Konflikte sind es, die einen Film richtig spannend machen.

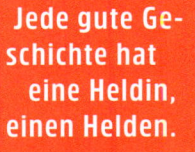

Eine einheitliche Handlung erschafft ein Ganzes, das aus Anfang, Mitte und Ende besteht – so beschrieb Aristoteles die Struktur einer Geschichte. Mitte des 19. Jahrhunderts erweiterte der deutsche Schriftsteller Gustav Freytag diese Dreierstruktur – Exposition, Höhepunkt, Auflösung – um eine aufsteigende und eine abfallende Handlung (siehe auch Seite 137 und 140). Die Kunst guter Drehbücher besteht darin, die Ereignisse auf einen dramatischen Höhepunkt zusteuern zu lassen. Noch heute schickt jeder Filmemacher seine Heldinnen und Helden und sein Publikum auf eine Reise mit diesen Stationen.

Jede gute Geschichte hat eine Heldin, einen Helden.

29
Literatur

Beispiel 1: Drama in fünf Akten

Sehen Sie sich als Beispiel dazu die Geschichte an, die die SBB in ihrem Video «Zwischenspiel» erzählen. In diesen neun Minuten geht es um das komplexe Thema «Informationssystem». Was passiert bei einem Stromausfall? Das Video in fünf Akten:

■ Der erste Akt stellt die Protagonisten vor: Nadia, eine junge Violinistin macht sich auf den Weg von Bern nach Zürich. Sie erreicht in letzter Minute den Zug. Im Abteil trifft sie auf eine Gruppe fröhlicher und ausgelassener Fussballfans. Auch sie sind auf dem Weg nach Zürich – zu einem Testspiel Schweiz gegen Brasilien. Nadia gegenüber sitzt Max von Buchwald, der seinen Sohn ans Länderspiel begleitet. Draussen blitzt und donnert es.

■ Im zweiten Akt werden die SBB und die Passagiere von einem Stromausfall überrascht. Der Zug steht still. Es gibt kein Weiterkommen.
→ Der Konflikt entsteht hier aus dem Stromausfall und der Ungewissheit darüber, wie lange der Unterbruch andauert. In der Betriebsleitzentrale wird alles unternommen, um den Grund zu evaluieren und die Störung zu beheben. Schaffen es die Verantwortlichen, den Schaden zeitnah zu beheben?

■ Im dritten Akt wird klar, dass der Unterbruch länger dauert. Wie lange, bleibt ungewiss. Die Passagiere werden ungeduldig. Nadia hat einen wichtigen Termin: Sie darf in der Tonhalle vorspielen. Auch ihre Violinlehrerin, die am Bahnhof Zürich wartet, ist beunruhigt. Währenddessen sind die Diensthabenden der SBB daran, das Problem rasch möglichst zu lösen und die Passagiere fortlaufend zu informieren.
→ Hier entsteht ein zusätzlicher dramaturgischer Konflikt – nämlich in den Hauptdarstellern selbst. Die Zeit wird knapp, die Anspannung steigt. Reicht

die Zeit überhaupt noch aus, um pünktlich in der Tonhalle zu erscheinen? Und schaffen es die Fussballfans, bis zum Anpfiff im Stadion zu sein? Die Fahrgäste werden immer ungeduldiger.

- Der vierte Akt bringt eine unerwartete Wendung. Nadia wird von ihrem Gegenüber gebeten, etwas vorzuspielen, um die angespannte Situation zu beruhigen. Sie tut das souverän und mit grosser Wirkung. Endlich, nach langem Bangen, geht die Fahrt weiter.
- Im fünften Akt fährt der Zug mit 45 Minuten Verspätung in Zürich ein. Unsere Helden sind am Ziel. Die Lehrerin nimmt Nadia in Empfang und erkennt in Max den Dirigenten des Tonhalle-Orchesters. Jetzt ist die Spannung weg, denn ohne Stromausfall und Zeitdruck gibt es bei dieser Geschichte auch keinen Konflikt mehr. Dafür ein Happy End. Denn wie wir im Abspann erfahren, darf Nadia unter der Leitung von Max von Buchwald im Tonhalle-Orchester spielen.

Bemerkenswert an dieser Story ist, dass nicht die SBB als Heldin im Rampenlicht steht, sondern ihre Kundschaft und die Mitarbeitenden. Genau das macht die Geschichte authentisch und liebenswert.

SBB-Video «Zwischenspiel»

QR
1

Beispiel 2: Dir bleiben zwei Sekunden

Auch Videoclips halten sich an die Prinzipien der Heldenreise. Doch folgen sie einem viel kürzeren Muster. Emotionale Highlights wechseln sich in rasantem Tempo mit Ruhephasen ab. Die Zuschauenden können kurz durchatmen, bevor es gleich wieder zum nächsten Höhepunkt kommt – ähnlich einer emotionalen Achterbahn. Nur beginnt diese Achterbahnfahrt nicht mit dem langsamen Weg nach oben; nach zwei Sekunden würden da alle wegklicken. Nein, es geht gleich mitten ins Geschehen.

Dramaturgie baut Spannung auf und hält die Kundschaft auf Ihrer Plattform.

Bloss keine Langeweile aufkommen lassen. Am Ende bleibt Freude oder Überraschung – am besten beides.

Der Grund für den schnellen Herzschlag bei Onlinevideos ist selbstverständlich unsere geschrumpfte Aufmerksamkeitsspanne und die Tatsache, dass Zuschauende immer von zig Dingen abgelenkt werden.

Ein gutes Beispiel für diese schnell getakteten Geschichten ist der 74-sekündige Videoclip «Never underestimate the power of a great story» (Unterschätze nie die Kraft einer grossartigen Geschichte). Wie reagieren Sie, wenn Sie sich im Schlafzimmerschrank Ihrer Geliebten verstecken müssen und vom Ehemann entdeckt werden? Die beste Strategie, so scheint es: Sie entwickeln auf der Stelle eine Geschichte, die an Drama kaum zu überbieten ist, und erzählen, wie Sie selber völlig überrascht sind, sich in diesem Schrank vorzufinden.

So viel Dramatik lässt sich natürlich kaum in eine Unternehmensgeschichte einbringen. Aber es macht trotzdem Spass zu sehen, wie sie sich bis zum unerwarteten Finale hochschaukelt.

Schnell getaktet – Videoclip von Canal+

QR 2

Blähdeutsch und Minigeschichten

30
Literatur

«For sale: baby shoes, never worn» (zu verkaufen: Babyschuhe, nie getragen), kritzelte der Schriftsteller Ernest Hemingway einst auf ein Stück Papier. Sein Beweis dafür, dass man eine Geschichte in nur sechs Worten erzählen kann.

Geschichten verkraften keine komplizierten Wortgebilde, keine Fremdwörter und erst recht keine schwerfälligen Satzkonstruktionen. Blähdeutsch mag gebildet, kompetent und intellektuell klingen. Tatsächlich aber wirkt es fremd, unnahbar und keineswegs verständlich. Es verleitet weder zum Weiterlesen noch motiviert es zum Handeln. Wie gefällt Ihnen der folgende Werbetext? Gefunden auf der Website eines mittelständigen Schweizer Logistikunternehmens.

> **Beispiel |** In der industriellen Anwendung macht die Verpackung oft den Unterschied. Faszinierende, konsequent auf Kundenprozesse abgestimmte Lösungen steigern die Effizienz der Logistik und Supply Chain bei unseren Kunden substanziell. Automatisierung für alle Industriesegmente ist unsere Spezialität.

Schon mit wenig Storyarbeit könnte man den Text verständlicher machen und die Besucher der Website zum Weiterlesen animieren. Zum Beispiel:

> **Beispiel |** In der Industrie macht die Verpackung oft den Unterschied. Unsere Kunden verlangen clevere Lösungen für ihre technisch anspruchsvolle Logistik. Das Herz von Firmengründer Moritz Meyer hätte bei solchen Herausforderungen gejubelt. Wie es immer höher schlug, wenn er praktische Lösungen suchen und entwickeln durfte.

Geschichten ohne Blähdeutsch: kurz und klar formuliert.

31
Literatur

Und wie wirkt folgende Minigeschichte über Aldi auf Sie?

> **Beispiel |** Billige Butter, preiswerte Konserven und kostengünstiger Sekt haben Theo Albrecht zu einem der drei reichsten Deutschen gemacht.

Die Agentur ap erklärt das erfolgreiche Geschäftsmodell des Discounters in einem Satz. Eine Wirtschaftsmeldung, die jeder Viertklässler versteht. Und das auf der Wirtschaftsseite, wo die Autoren oft erwarten, dass alle Lesenden einige Semester Ökonomie studiert haben, damit sie mithalten können. Der Einstieg macht Lust zum Weiterlesen. Und gleich wird eine weitere Minigeschichte angeboten:

> **Beispiel |** Die Aldi-Erfolgsstory begann in Mutters Lebensmittelladen ...

Socializen

Wer im Social Web präsent sein will, braucht mehr Content, mehr Gespräche, mehr Persönlichkeit, mehr Kontinuität, mehr Tempo. Ganz schön aufregend. Und das auf mehreren Plattformen, über verschiedene Ein- und Ausgabegeräte und zu allen möglichen und unmöglichen Zeiten.

Nutzerinnen und Nutzer interagieren auf den sozialen Plattformen mit Freundinnen, Kollegen und Marken, sind auf der Suche nach Neuigkeiten, Empfehlungen und

> **Geschichten schaffen eine Verbindung zwischen Menschen und einer Marke, einem Unternehmen, einem Produkt.**

Unterhaltung. Es sind vor allem die Geschichten, die sich fürs Auf-sich-aufmerksam-Machen als ausgesprochen wertvolle Strategie herausgestellt haben.

Unternehmen können Geschichten über alles erzählen, was zu ihrer Markenwelt gehört und für die Lesenden relevant ist. Doch Vorsicht: Content aus reinem Selbstzweck ist sinnlos. Schreiben Sie für Ihr Publikum, nicht für sich selbst – seien Sie charmant, seien Sie informativ, seien Sie witzig, seien Sie inspirierend. Aber bleiben Sie sich gleichzeitig treu. Denn nur eine authentische Kommunikation verbindet Menschen emotional mit einer Marke. Der Werbespezialist Leo Burnett gab für das Erstellen von Content folgenden Rat: «Make it simple. Make it memorable. Make it inviting to look at. Make it fun to read.» (Mach ihn simpel. Mach ihn unvergesslich, Mach ihn einladend. Mach ihn amüsant zu lesen.)

Gemäss Social-Media-Guru und Buchautor Gary Vaynerchuk halten sich hervorragende Geschichten an folgende Regeln:

- Sie sind für die Lesenden von Nutzen.
- Sie berühren die Lesenden emotional.
- Sie machen die Handlungsaufforderung einfach und leicht verständlich.
- Sie respektieren den Kontext und die Nuancen des sozialen Netzwerks.
- Sie sind sowohl auf mobile als auch auf alle anderen digitalen Geräte perfekt abgestimmt.

32
Literatur

Die Anziehungskraft von Social-Media-Storys

Während Sie damit vertraut sind, Geschichten mit Worten zu erzählen, fühlen Sie sich bei Social-Media-«Geschichten» vermutlich etwas verunsichert. Keine Angst, das geht uns allen so. Bis wir erkennen, dass sich der Begriff Social-Media-Storys nicht auf traditionell geschriebene Geschichten bezieht. Social-Media-Geschichten basieren auf Visuals – auf Bildern, animierten GIFs, Videos. Worte spielen immer noch eine wichtige Rolle, aber der Fokus liegt auf den Bildern und der Interaktion mit dem Publikum. Verbundenheit ist eine Art soziale Währung geworden.

Sorgen Sie dafür, dass das Design Ihres Fotos ebenso fesselnd ist wie seine Absicht. Sodass der Leser anhält, wenn er mit rasender Geschwindigkeit über das Display seines Mobilgeräts scrollt, und dann – vielleicht – das ganze Interview anklickt, das wiederum einen faszinierenden Rückblick auf die Unternehmensgeschichte bietet. Vielleicht wird er es dann gar mit seiner Community teilen.

FAZIT

Unternehmen können Geschichten über alles erzählen, was zu ihrer Markenwelt gehört und für die Lesenden relevant ist. Es gilt, aus der Fülle an Informationen die Essenz herauszuziehen und sie so zu präsentieren, dass sie das Publikum emotional berührt. Wenn sich die Leserinnen und Leser mit dem Protagonisten identifizieren können, sich selbst in ihm erkennen, bleibt die Geschichte besser in Erinnerung.

Jeder Text, jedes Bild, jede Grafik, sogar jedes Social-Media-Posting kann eine Geschichte erzählen, einen Handlungsstrang fortsetzen oder einen Erkenntnisprozess abbilden. Sie können eine Geschichte also in einem Satz, einem Video oder auch auf vielen Seiten und in Bildern erzählen. Jedes Element versorgt die Leserin, den Leser mit zusätzlichen Informationen. Nutzen Sie die erzählerischen Möglichkeiten, denn multimediale Inhalte haben weit mehr Infotainment-Gehalt als Artikel, die aus reinem Text bestehen.

Social Media – soziale Medien

Unternehmen müssen sich heute in den sozialen Medien bewegen. Einerseits weil sich die Konsumierenden selber informieren wollen, andererseits weil die sozialen Plattformen in vielen Märkten ein De-facto-Standard für die Kommunikation und den Austausch von Informationen geworden sind.

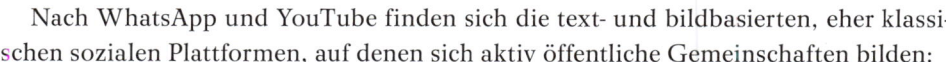

3,8 Mio. Schweizer User auf Facebook, 2,5 Mio. auf Instagram und über 1,2 Mio. auf LinkedIn – Social Media sind wichtig.

Als Social Media werden Technologien (hauptsächlich Plattformen) bezeichnet, die es Individuen und Gemeinschaften (Communitys) erlauben, Inhalte in verschiedenen Formaten zu veröffentlichen und im Netzwerk zu teilen. Manche dieser Formate können auch vom Content-Marketing eingesetzt werden, zum Beispiel Text, Bilder, Video etc. Einzelne Plattformen fokussieren nicht nur eine Anwendergruppe, sondern (wenigstens in ihrem Ursprungszustand) das Format, zum Beispiel Twitter (Text), YouTube (Video) und Instagram (Bild).

In der Schweiz führt WhatsApp die Liste an mit 6,5 Millionen Nutzerinnen und Nutzern. Diese Zahl ist eine Schätzung und erscheint sehr hoch angesetzt. YouTube liegt an zweiter Stelle mit 5,5 Millionen Nutzenden. In der Tat nimmt der Konsum von Videos bei Mobilnetzanbietern am meisten Bandbreite in Anspruch. In den USA ist Video heute das bevorzugte Format für Geschäftsleute, um sich über neue Produkte zu informieren.

14

Literatur

Nach WhatsApp und YouTube finden sich die text- und bildbasierten, eher klassischen sozialen Plattformen, auf denen sich aktiv öffentliche Gemeinschaften bilden:

- Facebook: 3,8 Millionen Nutzende
- Instagram: 2,5 Millionen Nutzende
- Snapchat: 1,4 Millionen Nutzende
- LinkedIn: 1,2 bis 2,2 Millionen Nutzende
- Twitter: 920 000 Nutzende
- Pinterest: 900 000 Nutzende
- XING: 900 000 Nutzende

Die wichtigsten Plattformen für Schweizer Unternehmen

Auf den folgenden Seiten finden Sie – in alphabetischer Reihenfolge – eine Auswahl der in der Schweiz wichtigsten Plattformen.

Facebook

- **Gründung:** Februar 2004
- **Zweck:** Privates Netzwerk, Beziehungspflege, Austausch von Erlebnissen
- **Merkmale:** Markenloyalität, B2C und B2B
- **Demografie:** Wird eher von einem älteren Publikum genutzt
- **Nutzen:** Die hohe Reichweite, der direkte Kontakt zur Zielgruppe sowie die Vielfalt an Werbemöglichkeiten machen Facebook für Unternehmen beinahe unverzichtbar. Die innovativen Formate sind ein Fundus für kreative Geschichten, denn sie bieten vielfältige Möglichkeiten zur Inszenierung. Ein gutes Format ermöglicht es, auch einmal Inhalte zu transportieren, die sich der Adressat nicht unbedingt aktiv ausgesucht hätte. Keine andere Plattform bietet zudem mehr statistische Auswertungen zu Inhalt, Zielgruppe und Engagement.
- **Zielgruppe:** Facebook ist unter allen sozialen Plattformen die klare Nummer eins – ebenso im B2B. Auch wenn das Netzwerk bei Teenagern in den letzten Jahren an Bedeutung verloren hat, ist seine Relevanz für Unternehmen weiter ungebrochen.
- **Reichweite:** Facebook erreichte Ende 2018 mehr als 2,3 Milliarden Nutzende, davon 3,8 Millionen in der Schweiz.
- **Storyformate:**
  - Bilder: Von einzelnen Bildern über Fotoalben bis zu Slideshows
  - Video: Nur auf Facebook hochgeladene Videos werden in der vollen Breite im Newsfeed dargestellt. Audioplay startet Videos ohne Ton.
  - Live Video Broadcasts
  - Instant Experiences: Diese Art mobiler Landingpages kombiniert Bilder, Videos und Karussell-Werbeanzeigen.
  - Listicles: Kurze Artikel in Aufzählungsform
  - Facebook-Storys: Mehrere Bilder oder Videos hintereinander ergeben eine Geschichte. Die Storys werden nach 24 Stunden automatisch gelöscht.

Willkommen bei Facebook

QR
3

Instagram

- **Gründung:** Oktober 2010 (gehört seit 2012 zu Facebook)
- **Zweck:** Visuelle Kommunikation, Beziehungen, Inspiration
- **Merkmale:** Emotionen, Leads, Brand Awareness
- **Demografie:** Digital affines, eher jüngeres Publikum
- **Nutzen:** Instagram-Nutzende halten nicht nur besondere Momente in Bildern fest und teilen sie, sondern sie suchen auch nach Inspiration – von Mode über Reisen bis hin zu Autos. Einfache Filter oder witzige (Um-)Fragetools erlauben, den Dialog mit den Followern (Anhängern) unterhaltsam und emotional zu gestalten. Instagram-Live-Videos gehören seit knapp zwei Jahren zu Instagram und sind seither ein sicherer Begleiter bei jedem Fashionevent. Die Videostorys werden als kleiner Einblick in den Tag verstanden und haben durch ihre Kurzlebigkeit einen gewissen Eventcharakter.
- **Zielgruppe:** Ob Fernweh, Nostalgie oder Glück – Brands finden hier in einer Welt der Gefühle eine wohlgesonnene Community der digital Affinen.
- **Reichweite:** Die monatliche Nutzerzahl von Instagram liegt weltweit bei mehr als einer Milliarde (Juni 2018), davon 2,5 Millionen in der Schweiz. Weltweit folgen 80 Prozent mindestens einem Unternehmen und über 500 Millionen Menschen nutzen Instagram täglich.
- **Storyformate:**
  - Bilder: Künstlerische und ausgefallene Bilder im Fotoalbum-Prinzip, beschreibende Hashtags gehören zwingend zum Auftritt.
  - Instagram-Storys: Kurzlebige Videos, bis zu 60 Sekunden lang. Der Fokus liegt hier weniger auf Etikette und Perfektion als vielmehr auf Nähe und Eventcharakter. 24 Stunden nach der Veröffentlichung werden die Videos automatisch gelöscht.

Willkommen bei Instagram

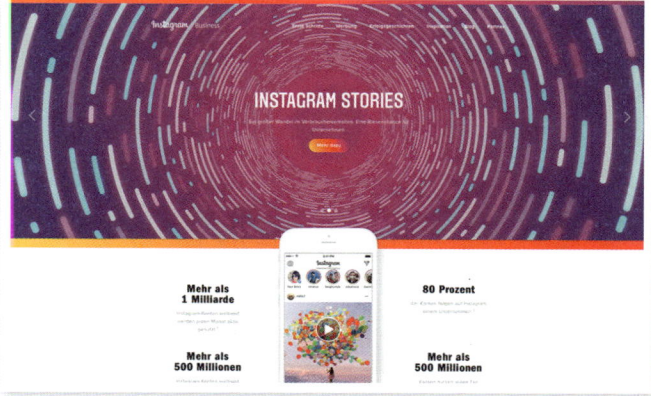

QR
4

LinkedIn

- **Gründung:** Mai 2003 (gehört seit Dezember 2016 zu Microsoft)
- **Zweck:** Networking, News, Konversation, Jobs
- **Merkmale:** Employer Branding, Business Development, B2B
- **Demografie:** Deckt alle Altersklassen ab, eher von digital Affinen genutzt
- **Nutzen:** LinkedIn ist eine internationale Netzwerk- und Karriereplattform, auf der sich Menschen treffen und inspirieren. Werte, Sinn und Vision sind gefragt. LinkedIn kann aber mehr als «simples» Recruiting. Ähnlich wie das deutsche Pendant XING dient das Businessnetzwerk vor allem dem Networking und der Stärkung der Arbeitgebermarke. Hier schlummert echtes Potenzial, mit Storytelling ein attraktives, nachhaltiges Image aufzubauen. Geschichten von Ideen, Emotionen und echten Menschen sollten daher den LinkedIn-Auftritt ausmachen.
- **Zielgruppe:** Wird zusehends zur spezialisierten Wissensplattform für Brancheninsider, ein Potenzial, das Unternehmen ausschöpfen sollten. Die Businessplattform ist wohl der beste Kanal, um sich als Experte, Mentorin zu positionieren.
- **Reichweite:** Über 575 Millionen Nutzende weltweit (2018), davon über 10 Millionen im deutschsprachigen Raum und 1,2 bis 2,2 Millionen in der Schweiz.
- **Storyformate:**
  - Listicles: zum Beispiel: «10 Dinge, die eine Managerin braucht»
  - Kuratierte Inhalte: für die Zielgruppe relevante Artikel aus anderen Quellen
  - News: Auch hier gilt: Ein Bild macht den Unterschied.
  - Längere Artikel: Erlaubt sind Titelbild, Headline sowie das Einbinden von Bildern, Videos, Präsentationen (bisher nur auf dem persönlichen Profil).
  - Videos: Maximale Länge zehn Minuten, empfohlene Länge gemäss LinkedIn zwischen 30 Sekunden und fünf Minuten. Audioplay startet Videos ohne Ton.
  - Live Video Broadcasts

Willkommen bei LinkedIn

QR
5

Twitter

- **Gründung:** März 2006
- **Zweck:** Nachrichten, Informationen
- **Merkmale:** Brand Awareness, Expertenstatus
- **Demografie:** Breite Altersklasse
- **Nutzen:** Twitter ist ein Ort, wo Menschen sich darüber informieren, was gerade auf der Welt passiert. Hashtags sind zum Kennzeichen der populärsten Gesprächsthemen geworden. Diese «Trends» lassen sich thematisch sowohl weltweit als auch regional filtern. Besonders kleine Unternehmen können Aufmerksamkeit gewinnen, indem sie sich Hashtags zunutze machen. Twitters einzigartige Fähigkeit, rasant aktuelle Geschehnisse zu verbreiten, ermöglicht es Unternehmen, sich mit einer relevanten, aktiven Zielgruppe zu verbinden. Es ist die einzige Small-Talk-Umgebung, wo jede und jeder sich ohne Ankündigung in ein Gespräch einschalten, mitreden oder nur zuhören kann.
- **Zielgruppe:** Die demografische Twitter-Gemeinschaft besteht vorwiegend aus Leuten, die man als urban bzw. als interessierte Gemeinschaft bezeichnen kann.
- **Reichweite:** Die offiziellen Twitter-Nutzerzahlen liegen bei weltweit 326 Millionen Menschen (drittes Quartal 2018), die Twitter mindestens einmal pro Monat nutzen, davon ca. 900 000 in der Schweiz. Dies ist global gesehen ein leichter Rückgang seit Anfang 2018.
- **Storyformate:**
  – Text, maximal 280 Zeichen (früher 140 Zeichen)
  – Fotos oder GIFs
  – Live-Videos mit einer Zeitlimite von maximal 140 Sekunden
  – Hashtags, ein Weg, um Leute zu suchen, die über Themen mit Bezug zum Unternehmen reden, und um selber gefunden zu werden

Willkommen bei Twitter

Twitter ist ein Ort, an dem Menschen sich darüber informieren, was gerade auf der Welt passiert.

QR
6

YouTube

- **Gründung:** Februar 2005 (gehört seit Dezember 2006 zu Alphabet Inc /Google)
- **Zweck:** Videos, Suche, Anleitungen, Unterhaltung
- **Merkmale:** Brand Awareness, Produktinformationen, Employer Branding, SEO (Suchmaschinenoptimierung)
- **Demografie:** Deckt alle Altersklassen ab, hohe Nutzung auf mobilen Geräten
- **Nutzen:** YouTube ist das neue Fernsehen und eine wahre Marketingmaschine, nicht nur für Privatpersonen, sondern auch für Unternehmen. Die direkte Ansprache, der Blick in die Kamera baut eine «persönliche» Beziehung auf, die Kunden nicht nur zu Kunden macht, sondern häufig zu wirklichen Fans. YouTube ist neben Google die zweitwichtigste Suchmaschine der Welt. Das ist einer der grössten Vorteile überhaupt: Ein Unternehmen erreicht mit Videobotschaften genau die Nutzenden, die sich gerade für das Produkt interessieren, das es zu bieten hat.
- **Zielgruppe:** YouTube deckt alle Altersklassen und viele Branchen ab, vor allem Branchen mit Schwerpunkt Visuelles wie Architektur, Design, Mode, Technologie und Tourismus. Grundsätzlich wird YouTube von allen genutzt, die Inhalte in unterhaltsamer und/oder verständlicher Form konsumieren möchten.
- **Reichweite:** Monatlich 1,9 Milliarden Nutzende weltweit, 5,5 Millionen in der Schweiz. YouTube erreicht mit 80 Sprachen rund 95 Prozent der User weltweit.
- **Storyformate:**
  – Tutorials, FAQ (oft gestellte Fragen und Antworten) und How-to-Guides
  – Interviews mit Mitarbeitenden, die Einblicke in ein Unternehmen gewähren und dessen Attraktivität als Arbeitgeber stärken
  – Kundeninterviews, Fallstudien, Produktbeschreibungen, Produkteinführung
  – Videos, die die Kompetenz und Themenführerschaft vermitteln
  – Live-Interviews, zum Beispiel von Messen und Events

Willkommen bei YouTube

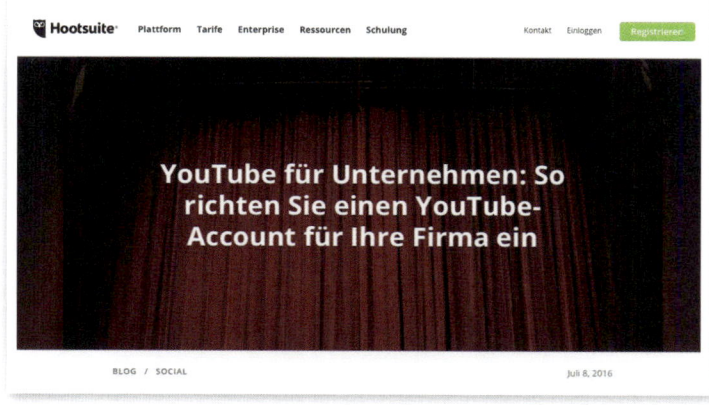

Was heisst das für Ihr Unternehmen?

Facebook, Instagram, LinkedIn, Pinterest, Snapchat, Twitter, WhatsApp, XING und YouTube sind die neuen digitalen Kommunikationsplattformen in den sozialen Medien. Wie bereits angesprochen ergeben sich daraus für Unternehmen viele Chancen und ebenso viele Herausforderungen. Wer entwickelt und verbreitet die Inhalte nach der Methode des Storytellings und wer kommuniziert aktiv mit der Onlinegemeinschaft?

Neben den vielen Chancen – Erweiterung Ihrer Kundschaft, Aufbau der Marke und Stärkung des Vertrauens – sind es drei konkrete Herausforderungen, die sich Ihnen als Unternehmer, Unternehmerin stellen.

Die wichtigste Frage: Wer produziert Content?

Wer kann die Kommunikation in all den neuen Kanälen übernehmen? In grossen Schweizer Unternehmen sind Newsrooms bereits die Norm. Diese Abteilungen identifizieren wichtige Inhalte, die aktuell in den sozialen Medien diskutiert werden – Social Listening –, und entwickeln Themen und Kampagnen, die sie dann aktiv mit der Gemeinschaft teilen und diskutieren. Mittelgrosse Unternehmen haben schon vor einigen Jahren damit begonnen, mit ihren kleineren Marketingteams auf die digitalen Kanäle zu fokussieren.

Und wie sollen die kleineren Firmen die Herausforderung meistern? Mögliche Lösungen sind:

- Die Geschäftsleitung kümmert sich um die Inhalte: Ausgestattet mit einem guten Smartphone, teilt sie News und Geschichten aktiv auf den verschiedenen sozialen Medien.
- Ein Teammitglied mit Flair und Interesse für die digitale Kommunikation mit der Kundschaft übernimmt die Aufgabe als Teilzeitfunktion, zum Beispiel einen halben Tag pro Woche (verteilt über die Woche). Hier könnte auch ein Teilzeitmitarbeiter eingestellt werden.
- Das Unternehmen arbeitet mit einer Kommunikationsagentur zusammen, die die Inhalte aufgrund einer Onlineanalyse (siehe Seite 120) erstellt und zielgruppengerecht kommuniziert.

Auf diese Weise schaffen sich kleinere Unternehmen den Raum, in den sozialen Medien mit interessanten Inhalten und Geschichten präsent zu sein, den Dialog zu fördern und eine Onlinegemeinschaft aufzubauen.

Welche Formate und welche Kanäle sollen es sein?

Gerade die Produktion von Videos bedeutet für kleinere Unternehmen eine Barriere. Jedoch lassen sich heute Kurzfilme dank benutzerfreundlicher Software auch mit geringem Budget und in kurzer Zeit erstellen. So können Unternehmen neben ihren text- und bildbasierten Inhalten auch Videos in den Formatmix miteinbeziehen.

Und schliesslich stellt sich die Frage nach den geeigneten Kanälen. Die Antwort darauf finden Sie in der Toolbox. Dort wird eine Methode vorgestellt, mit der Sie die richtigen Plattformen für Ihr Unternehmen, basierend auf Ihren Zielgruppen und Ihren Marktbearbeitungszielen, definieren können (siehe Seite 126). So wird Social-Media-Marketing machbar.

Herausforderungen: Wer macht es und welche Formate und Kanäle sollen bedient werden?

FAZIT

Social Media sind digitale Plattformen, über die Userinnen und User Inhalte kreieren, teilen, kommentieren und sich vernetzen. Die zwei grössten Plattformen in der Schweiz sind WhatsApp mit 6,5 Millionen Nutzenden und YouTube mit 5,5 Millionen. Videos etablieren sich immer mehr als bevorzugtes Format, wenn es darum geht, sich über Produkte zu informieren.

Die hohe Reichweite, der direkte Kontakt zur Zielgruppe und die Vielfalt an Werbemöglichkeiten machen die sozialen Medien für Unternehmen beinahe unverzichtbar – sogar bei mittelgrossen Unternehmen ist die digitale Form der Kommunikation bereits Standard. Aber auch für kleinere Unternehmen gibt es Lösungen, um in den sozialen Medien mit interessanten Inhalten und Geschichten aktiv zu sein, den Dialog zu fördern und eine Onlinegemeinschaft aufzubauen.

Business-Storys auf sozialen Medien – mit Praxisbeispielen

Sie wollen Ihr Unternehmen als sympathisch und vertrauenerweckend präsentieren? Beginnen Sie mit einer interessanten, emotionalen Geschichte, zum Beispiel darüber, wie Ihr Unternehmen gegründet wurde. Achten Sie darauf, zu erwähnen, wie Ihre Werte und Ziele ins Unternehmen passen.

Geschichten richten sich immer an eine klar definierte Zielgruppe.

Je mehr Sie mit Ihrer Zielgruppe gemeinsam haben, desto einfacher wird es sein, Aufmerksamkeit zu erregen, Respekt zu verdienen und Vertrauen zu gewinnen. Der Schlüssel zum Erfolg liegt darin, wie gut Sie Ihr Publikum kennen.

Social-Media-Geschichten können jeder Art von Unternehmen zugutekommen, unabhängig von der Nische oder der Altersstruktur des Zielmarkts. Das liegt daran, dass Bilder und Videos auf breiter Front attraktiv sind. Die drei wichtigsten Vorteile für die Unternehmen aber sind Sichtbarkeit, Websitebesuchende (Traffic) und generierte Leads (potenzielle Neukundinnen und Neukunden).

Im Folgenden finden Sie eine Reihe von Praxisbeispielen von unterschiedlichen Unternehmen – vor allem aus der Schweiz. Zur besseren Orientierung sind sie nach vier Zielen gruppiert:

- Brand Awareness – die Markenbekanntheit
- Leadgenerierung – die Neukundengewinnung
- Umsatzgenerierung
- Employer Branding – das Arbeitgebermarketing

Brand Awareness (Markenbekanntheit)

Wenn eines Ihrer Unternehmensziele darin besteht, die Markenbekanntheit über die sozialen Medien zu erhöhen, sollten Sie beim Erstellen Ihrer Geschichten Folgendes beachten:

- Suchen Sie nach speziellen Gelegenheiten, bei denen Ihre Marke von Sondermeldungen oder von der Kultur insgesamt profitieren kann. So können Sie Ihre Relevanz beweisen und Präsenz zeigen.

- Setzen Sie auf starke authentische Bilder. Fragen Sie sich vor jedem Posting: «Wenn ich dieses Bild im Web sähe, würde ich es teilen?»
- Posten Sie in Ihrem Corporate Design, um Ihre Inhalte sofort identifizierbar zu machen. Egal wie Sie Ihre Story erzählen, Ihre Persönlichkeit und Ihre Markenidentität müssen erkennbar sein.
- Erstellen Sie Geschichten, die die Qualitäten Ihres Unternehmens hervorheben. Nicht das «Wie» oder «Wer» ist entscheidend, sondern das «Warum». Wenn sich die Nutzenden in Ihren Werten wiedererkennen, ist es wahrscheinlicher, dass sie Ihre Beiträge mit der Welt teilen.
- Zeigen Sie Ihrer Community die lustige, unbeschwerte Seite Ihres Unternehmens, Ihres Teams oder Ihrer Kunden (natürlich nur mit deren Erlaubnis). Dadurch gewinnt Ihr Auftritt an Persönlichkeit und Humor – und dies ist für die Aktivitäten jeder Marke in den sozialen Medien entscheidend.
- Spontanaufnahmen, Insidertipps und Vorher-Nachher-Vergleiche begeistern immer. Fügen Sie Ihrer Story eine Umfrage hinzu. So bauen Sie Vertrauen und Transparenz auf, was letztlich zu mehr Freude, Engagement und Umsatz führt.

Ziel: Aufbau der Markenbekanntheit

- Integrieren Sie Ihr Logo in jedes Bild.
- Heben Sie die Eigenschaften Ihres Unternehmens hervor.
- Seien Sie kreativ und unterhaltsam.

PRAXISBEISPIEL 1: Georg Utz AG

Kunststoff ist ein überaus aktuelles Thema, vor allem wenn es um Recycling geht. Die Georg Utz AG stellt Behälter, Paletten und technische Teile aus Kunststoff her. Das Utz Recycling Center in Bremgarten nimmt die ausgemusterten Paletten und Kunststoffboxen der Kunden wieder zurück und schreddert den Kunststoff zu Mahlgut, um ihn wiederzuverwenden.

Wie lässt sich die Relevanz dieses Recycling Centers kommunizieren? Bildhafte Vergleiche – ob Elefanten oder Würfelzucker – helfen immer, wenn es darum geht, Grösse und Umfang zu erfassen. Hier hat Utz die Chance genutzt, die Fans auf Facebook neugierig zu machen und sie zum Weiterlesen zu animieren.

Facebook-Post der Georg Utz AG

Im Status-Update wird der Bildvergleich mit den Elefanten nochmals aufgenommen und es wird auf die Firmenwebsite zu einem Artikel verlinkt, der den Kauf der neuen Kunststoff-Recycling-Mühle lebhaft beschreibt. Darüber hinaus liefert die Firma Zahlen und Fakten zum Thema.

Der Post zeigt, dass sich Utz Gedanken darüber macht, was gerade im Gespräch ist und wie das Unternehmen ein Teil davon werden kann: gutes Infotainment.

Dieselbe Botschaft auf LinkedIn

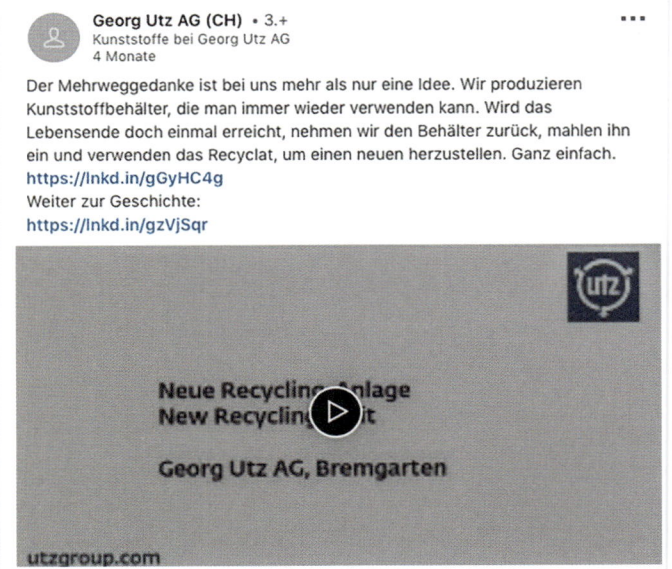

QR
8

PRAXISBEISPIEL 2: Yamo AG

«Vom Feld zu dir nach Haus», lautet die Kerngeschichte von Yamo. Angesprochen werden Eltern, denen nachhaltige, frische Bioprodukte für ihr Baby wichtig sind.

Facebook-Post der Yamo AG

Man will ja schliesslich wissen, was man isst. Alle unsere Sorten findet ihr übrigens unter www.yamo.ch/procukt

Das Bild bringt die Marke Yamo genau auf den Punkt. Das Witzige daran: Es ist kein Stockbild – das Baby hält den aktuellen Produktflyer der Firma in der Hand und scheint sich ernsthaft Gedanken über sein Essen zu machen. Das Foto ist gross, auffällig und passt damit sehr gut zur Facebook-Plattform.

Die Textlänge ist perfekt. Der Text ist kurz und direkt und entlockt einem ein kleines Augenzwinkern. Das wirkt persönlich und steigert die Sympathie der Marke in der sozialen Gemeinschaft.

Die zweite Zeile enthält einen direkten Link auf die Produktseite, wo interessierte Eltern kostenlos ein Testpaket anfordern können. Nebenbei gibt es alle Produkte im Überblick – analog zum Produktflyer auf dem Bild. Yamo will «etwas Gutes tun». Das ist der Firma mit diesem Post wunderbar gelungen.

Dieselbe Botschaft auf Instagram

yamobaby – Gratis Babybrei probieren

Du möchtest yamo testen? Dann hol dir jetzt dein kostenloses Testpaket auf www.yamo.bio. Viel Spass beim Probieren.

Dieselbe Botschaft auf Twitter

PRAXISBEISPIEL 3: Taoasis GmbH

Der Firmenname Taoasis bedeutet frei übersetzt «Leben im Einklang mit der Natur». Das Familienunternehmen stellt Arzneimittel der Aromatherapie her. Als Rohstoffe dienen duftende Pflanzen, deren Geschichte von jahrhundertealter Tradition geprägt ist.

In seiner Instagram-Story erklärt der Firmengründer seine Philosophie. Sie handelt von Leidenschaft und Hingabe. Die Geschichte beginnt auf dem Feld, da wo der Lavendel wächst. Sie beginnt mit den Menschen, die die Pflanzen gesät und sie eine lange Zeit begleitet haben, um sie dann irgendwann zu ernten.

Instagram-Post der Taoasis GmbH

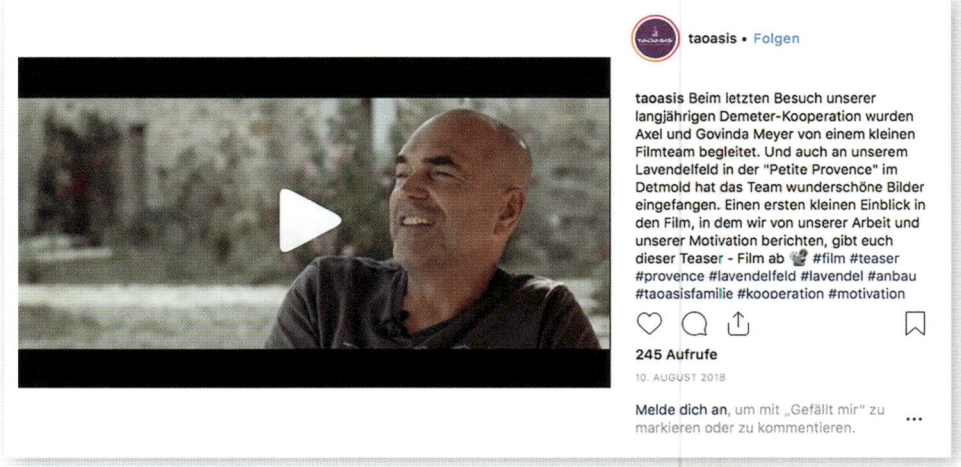

QR
9

Das «Warum» wird hier mit schönen Momentaufnahmen emotional erzählt. Auf diese Weise lässt sich auch bei Leuten, die noch keine Fans sind, ein Bewusstsein für die Marke aufbauen.

Einziger, grosser Fauxpas ist das schwarze Teaser-Bild (auf dieser Abbildung nicht ersichtlich). Hier hätte man die ersten zwei Videosekunden rausschneiden oder ein Standbild einsetzen müssen. Ein schwarzes Bild motiviert keinen Besucher, keine Besucherin zum Reinklicken. Schade für die tolle Story.

Dieselbe Botschaft auf Facebook

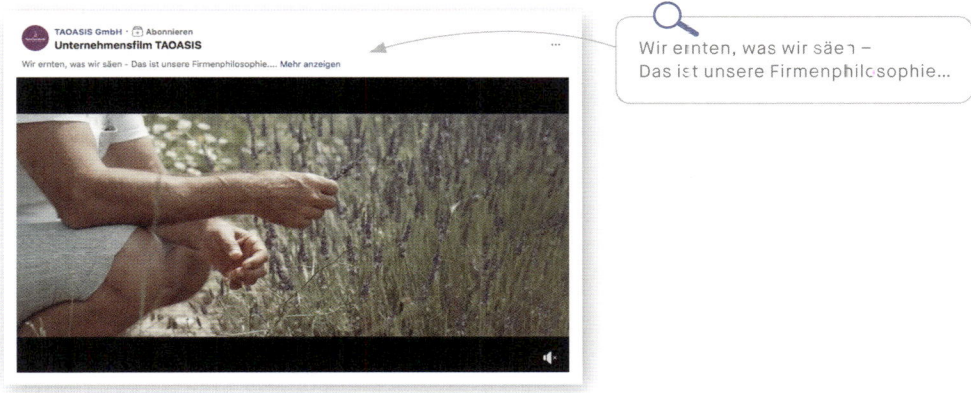

Dieselbe Botschaft auf Twitter

PRAXISBEISPIEL 4: Samuel Werder AG

Die Mitarbeitenden der Firma Samuel Werder produzieren anspruchsvolle Werkstücke in höchster Präzision und mit unterschiedlichen Veredelungstechniken. «Präzision ist unser Credo», sagt Firmeninhaber Claude Werder. Präzision auf Hundertstel und

Tausendstel bei den gefertigten Werkstücken, Präzision auch bei der Kostentreue und den Lieferterminen. «Präzis für Sie» steht auf den Leibchen der Mitarbeitenden.

Das Video auf LinkedIn beweist: Ein Quäntchen Humor wirkt immer. Da kann eine Alltagsgeschichte des merklich stolzen Unternehmers, der von seiner Begegnung mit einem Kunden erzählt, das Firmencredo auf authentische Art wiedergeben. Das wirkt sympathisch und weckt so Vertrauen in das Unternehmen.

LinkedIn-Post der Samuel Werder AG

Kundenzufriedenheit auf «Werderisch» erklärt.

Die Plattform ist gut gewählt, denn LinkedIn eignet sich bestens, um Werte zu vermitteln und einen nachhaltigen Brand aufzubauen. Jeder in der LinkedIn-Welt hat Zeit, sich ein Video von 40 Sekunden anzuschauen. Wer mehr über Werder Feinwerktechnik erfahren will, landet über den Link auf der Porträtseite des Unternehmens. Und dort gibts reichlich weitere Geschichten und Informationen. Schade, dass sich Interessenten nicht gleich für den Newsletter (falls es denn einen gibt) registrieren können.

Dieselbe Botschaft auf Facebook

In unserem Fundus an Videos haben wir eine Geschichte gefunden, die wir dir nicht vorenthalten möchten …

PRAXISBEISPIEL 5: Bünting Teestube

Bei Bünting dreht sich die Welt um den Tee: vom Teelexikon über Zubereitungstipps und Rezepte bis natürlich hin zum Teeangebot. Die Firma trägt den Orden «Kulinarischer Botschafter Niedersachsens», und das nimmt sie durchaus wörtlich. Ihre Statusmeldungen auf Facebook sind informativ und allesamt unterhaltsam.

Facebook-Post der Bünting Teestube

Bünting Teestube
16. Oktober 2018 ·

Oktoberfest ist Schlagerfest. Wisst ihr, welches Lied uns in den Ohren liegt?

#Liederraten #SpaßhabenundTeetrinken #Oktoberfest

> Oktoberfest ist Schlagerfest. Wisst ihr, welches Lied uns in den Ohren liegt?

Bei diesem Posting reitet Bünting auf der Oktoberfest-Welle und macht sich das trinkende, singende Beisammensein seines Landes zunutze. Dahinter versteckt sich kein weiterführender Link. Hier will man einzig seine Community unterhalten. Ob wohl jemand des Rätsels Lösung kannte? Die Antwort kam postwendend: Ich hab ein knallrotes Gummiboot.

Das ins Rätsel eingebundene, gut sichtbare Firmenlogo macht den Absender sofort erkennbar und stärkt die Markenidentität.

Leads generieren (Neukundengewinnung)

Ist das Ziel Ihrer Geschichten die Gewinnung von Neukunden und die Erstellung von Listen mit potenziellen Interessenten? Wenn Sie Web-User auffordern wollen, sich für Ihre Mailingliste anzumelden, sollten Sie diese Tipps und Ideen im Hinterkopf behalten.

- Verwenden Sie für Ihre Geschichten Bilder, die ein Problem thematisieren, und fügen Sie direkte Links auf Ihre Angebotsseite ein. Dort können sich die User weiter informieren und/oder sich freiwillig mit einer E-Mail-Adresse registrieren. Im Austausch erhalten sie wertvolle Tipps und Tricks elektronisch zugeschickt. Gestalten Sie die Bilder optisch auffällig, aber nicht so überladen, dass Ihre Handlungsaufforderung verloren geht.
- Produzieren Sie Geschichten, die so vielversprechend sind, dass die Lesenden gerne mehr davon sehen, lesen, erleben möchten. Das können regelmässige

Ratschläge zu «Was tun, wenn…» sein. Die Funktion solcher Geschichten ist einfach: Sie sollen Fans generieren und so Ihre Community ausbauen. Barrieren sind hier fehl am Platz: Jeder soll die Story gut finden und ihr problemlos folgen können.

- Bitten Sie um die Teilnahme an Umfragen oder Produktfeedback. Treten Sie in einen Dialog. So zeigen Sie den Kunden, dass ihre Meinung wichtig ist.
- Suchen Sie Hashtags und öffentliche Profile, die für Ihre Branche oder Marke relevant sind, und interagieren Sie mit den Inhalten dort.
- Verweisen Sie mit @Name auf andere öffentliche Profile, um die Aufmerksamkeit der dortigen User zu erhaschen.

Ziel Neukundengewinnung und Listenerstellung

- Produzieren Sie nützliche Geschichten zu «Dafür gebe ich meine Kontaktdaten».
- Produzieren Sie unterhaltsame Geschichten zu «Davon will ich mehr».
- Kollaborieren Sie mit anderen öffentlichen Profilen.

PRAXISBEISPIEL 6: Brot-Sommelier

Christopher Lang ist Bäcker- und Konditormeister und geprüfter Brot-Sommelier aus Leidenschaft. Das Sommelier-Diplom hat er bei der Akademie Weinheim in Deutschland erworben. Seitdem trägt er das vielseitige Thema Brot in die Welt hinaus.

Bäcker verraten Backrezepte, ein Sommelier wertvolle Tipps. In seinem Post spielt Christopher Lang wunderbar mit dem Problem, dass über die Feiertage viele Geschäfte geschlossen haben. Wie also lagert man Brot und peppt es auf, sodass die Rinde knusprig bleibt und die Krume nicht austrocknet?

Facebook-Post von Christopher Lang

So lagerst du dein Brot optimal über die Feiertage.

Die Handlungsaufforderung ist prominent platziert und beantwortet auch gleich die Frage, was die Leserin an Mehrwert finden wird. Bei diesem Posting hat Christopher Lang den Link auf seine Website geteilt. Dadurch stellt Facebook automatisch ein Bild mit Foto, Titel und Beschreibung zusammen. Dieses «Snippet» kann auf der Website gesteuert werden, indem man diese drei Elemente für die Social-Media-Kanäle vordefiniert. Das ist hier nicht optimal gelöst. Sonst wären die ganzen Brote zu sehen und die drei (unnötigen) Textzeilen zuunterst würden entfallen.

Die Website, auf die der Link führt, präsentiert sich aufgeräumt und lesefreundlich mit zusätzlichen Alltagstipps, persönlich verpackt als Videobotschaft – Ästhetik, wie man es von einem Sommelier erwarten darf. Es gibt absolut keinen Grund, sich nicht sofort für seinen Newsletter zu registrieren oder Christopher Lang nicht auf Social Media zu folgen.

Rezept als Videobotschaft auf YouTube

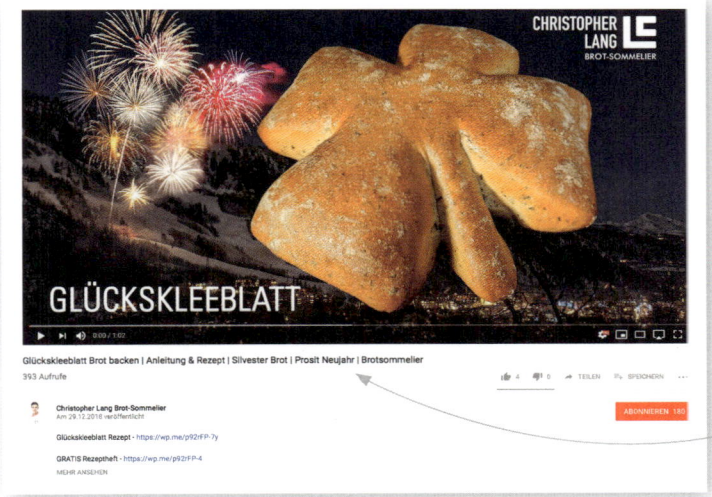

Glückskleeblatt Brot backen | Anleitung & Rezept | Silvester Brot | Prosit Neujahr | Brotsommelier

QR
12

Dieselbe Botschaft auf Instagram

Ein Glückskleeblatt für den Silvesterabend. Den Link zum Rezept findet ihr in meinem Profil.

PRAXISBEISPIEL 7: Gian und Giachen

«D'Steiböck us em Bündnerland»: Mal witzeln sie über Skifahrer, ein andermal lästern sie über Biker und Kletterer. Und immer wieder nehmen sie sich auch gegenseitig hoch. In der Schweiz sind die witzigen Spots mit den sprechenden Steinböcken Gian und Giachen schon lange Kult.

Der Absender ist Graubünden Ferien und natürlich will man auf die Marke Graubünden aufmerksam machen – nicht nur als Ferien-, sondern auch als Wirtschafts- und Lebensstandort.

YouTube-Kanal von Graubünden Ferien

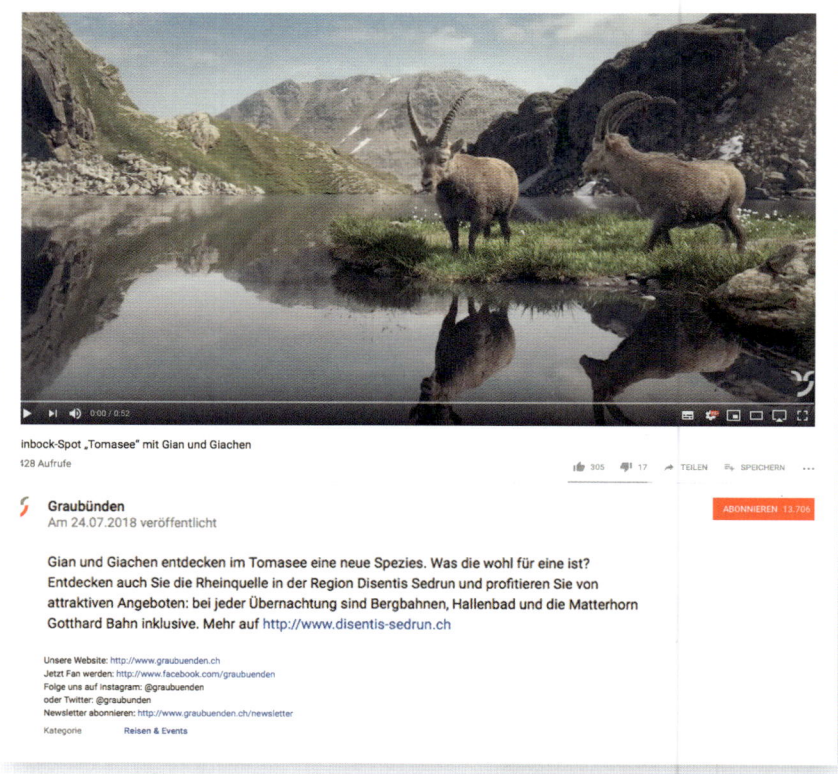

QR
13

Die Grundidee, etwas mit einem Steinbock als kleinstem gemeinsamem Nenner für alle Produkte und Dienstleistungen Graubündens zu machen, funktioniert bestens auf Facebook. Auf der Plattform bringen sich immer wieder Fans von überall her ins Gespräch ein. Im folgenden Post montierten Kletterer auf dem höchsten Bismarckdenkmal Deutschlands eine Steinbock-Skulptur, was Venanz Nobel sofort mit Gian und Giachen in Verbindung bringt.

Fan-Post auf Facebook zu Gian und Giachen

Ein tolles Beispiel dafür, wie man ein Produkt personalisiert und eine ganze Gemeinschaft (Community) zum Lachen und Interagieren bringen kann. Postings, die Tausende von Fans gerne mit Freunden teilen – wie dieser Fan-Post zeigt.

PRAXISBEISPIEL 8: Autorin & Dozentin Suzanne Grieger-Langer

Suzanne Grieger-Langer ist Bestsellerautorin, Trainerin, Dozentin und Lehrbeauftragte an renommiertesten Wirtschaftshochschulen Europas. In ihren Büchern und Kolumnen warnt sie vor den Bluffs der Eindrucksmanager, klärt über die Siegerdisziplinen der Psychopathen auf und plädiert für einen verantwortungsvollen Umgang mit sich selbst und anderen Menschen.

In Video- und Textbotschaften erzählt Grieger-Langer, wie man Rufmordkampagnen souverän übersteht. Und sie gibt Tipps und Tricks für mehr Gelassenheit und innere Stärke. Wer ihr auf den sozialen Medien folgt, gewinnt für sich fortlaufend neue Erkenntnisse. Damit beherzigt Suzanne Grieger-Langer eines der wichtigsten Kriterien überhaupt, wenn es um das Erstellen von gutem Content geht: Geben. Geben. Geben. Wer von ihren Beiträgen begeistert ist, klickt auf die Website und bestellt sich das aktuelle Buch. Oder sichert sich ein Ticket, um mitzuerleben, wie sie live von ihrer Arbeit erzählt.

LinkedIn-Post von Suzanne Grieger-Langner

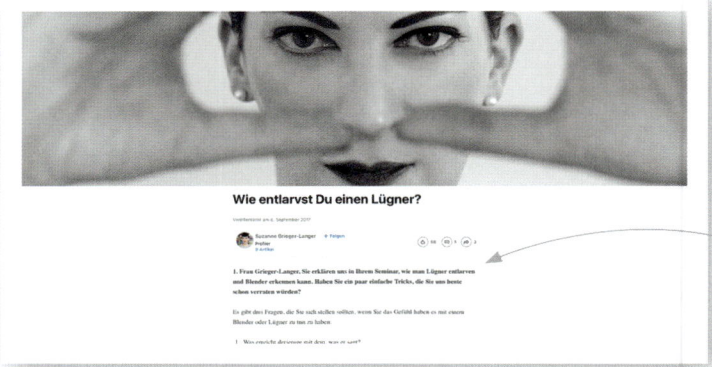

QR 14

1. Frau Grieger-Langer, Sie erklären uns in Ihrem Seminar, wie man Lügner entlarven und Blender erkennen kann. Haben Sie ein paar einfache Tricks, die Sie uns heute schon verraten würden?

Dieselbe Botschaft auf Instagram

Dieselbe Botschaft auf Twitter

 QR 15

PRAXISBEISPIEL 9: Testo AG Schweiz

Die Testo AG entwickelt und verkauft elektronische Messgeräte für Heizungen sowie Klima-, Lüftungs- und Kältesysteme. Aus einem kleinen Unternehmen, das ursprünglich elektronische Fieberthermometer herstellte, wurde ein multinationaler Konzern,

LinkedIn-Post von Testo AG Schweiz

Dieselbe Botschaft auf Facebook

der heute auf allen Kontinenten vertreten ist. Die Schweizer Landesvertretung mit Sitz in Mönchaltorf beschäftigt 15 Mitarbeitende.

Ein Whitepaper (Positionspapier) eignet sich hervorragend, um wertvolle E-Mail-Adressen zu generieren. Erst recht, wenn der Nutzen klar erkennbar ist. Auf ihrer Website erklärt Testo, warum Qualitätsverantwortliche Temperaturwerte überwachen müssen, und fasst die wichtigsten Themen aus dem Ratgeber zusammen.

Der Post auf Seite 81 lässt sich noch etwas verbessern, indem eine andere grafische Darstellung des Whitepapers hochgeladen wird (die zum Beispiel die Methoden der Temperaturmessung zeigt). Dies würde dem Post helfen, dass er gelikt wird. Mit einem Prospekt dagegen identifiziert sich niemand gerne.

PRAXISBEISPIEL 10: Kalte Lust

Der Speiseeis-Produzent Kalte Lust aus Olten stellt gemäss einer Facebook-Umfrage die besten Eiscremes der Schweiz her. Aus fast 100 verschiedenen Aromen können Glaceliebhaber auswählen. Das Geheimnis des Erfolgs liegt in der Milch der Jersey-Kühe, die auf dem Hof der Familie Badertscher leben. Die Kühe verbringen die meiste Zeit im Freien und werden mit hofeigenem Heu gefüttert.

Die Firma nutzt die Kühe in ihrer Kommunikation als Marketingbotschafterinnen und präzisiert mit der sympathischen Namen-Umfrage genau ihr Produkt. Zudem sind Kinder und Tiere auf den sozialen Medien ein beliebtes Sujet. Das Bild des

Facebook-Post von Kalte Lust

QR
16

Jersey-Kalbs, das neugierig in die Kamera blickt, ist goldrichtig und müsste für eine verstärkte Wahrnehmung der Marke sorgen. Schade nur, dass die Firma den Namen des Kalbes nie kommuniziert hat; hier wurde eine Chance für weitere Sympathiepunkte versäumt.

Marketingbotschaft auf Instagram

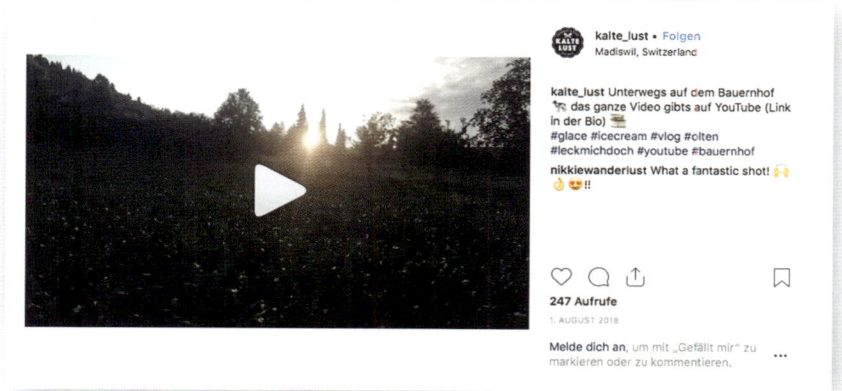

QR 17

Dieselbe Botschaft auf YouTube

QR 18

PRAXISBEISPIEL 11: Akademie St. Gallen

Die Akademie ist eine Höhere Fachschule für Wirtschaft und bietet rund 45 kaufmännisch-betriebswirtschaftliche Lehrgänge einschliesslich Nachdiplomstudien an. Die Lehrgänge sind der Praxis verpflichtet und berufsbegleitend.

Der Film widerspiegelt das Leben des 31-jährigen Martin Schmid, der sich in der bisher grössten Sackgasse seines Berufslebens festgefahren fühlt. Seine anfängliche Freude über den ersten Job lässt schnell nach. Auch Jahre nach dem Einstieg bleibt der Aufstieg aus. Da wird ihm klar: So wird das nichts mit dem Happy End! Es muss sich etwas ändern.

YouTube-Post der Akademie St. Gallen

8 JAHRE VORHER

▶ ▶| ◀)) 0:50 / 6:11

Akademie St.Gallen: #esistniezuspaet

2.474 Aufrufe

👍 40   👎 0   ↗ TEILEN   =₊ SPEICHERN   ···

akademiesg
Am 11.08.2017 veröffentlicht

ABONNIEREN 23

Haben Sie den neuen Kultfilm aus St.Gallen schon gesehen? Von Kritikern hochgelobt und auf einer wahren Geschichte basierend, spiegelt das Action-Drama aus der Ostschweiz das Leben des 31-jährigen Martin Schmid wider, der sich festgefahren fühlt, in der bisher

MEHR ANSEHEN

6 Kommentare   =ᵢ SORTIEREN NACH

Öffentlich kommentieren...

Dilara Bahadir vor 1 Jahr
Eine inspirierende Geschichte mit einer phantastischen Umsetzung - authentisch kommuniziert und spannend erzählt. Grosses Kompliment dafür!

👍 1   👎   ANTWORTEN

Hans-Christian Hegewald vor 1 Jahr
Schöner Film mit überraschendem Ende.

👍   👎   ANTWORTEN

QR
19

Die Geschichte baut auf einem typischen Erzählmuster auf, der Heldenreise (siehe Seite 137). Dadurch weckt sie Emotionen und viel Empathie. Kein Wunder, wird sie von Experten hoch gelobt. Leider fehlt eine Handlungsaufforderung: ein Link zur Website, die die Inhalte zum Thema «Es ist nie zu spät» bündelt und verlinkt.

Umsatz generieren

Wenn Sie mit Ihren Geschichten mehr Umsatz generieren wollen, verbinden Sie Ihre Bilder und Texte mit einer Wertschöpfung. Hier sind ein paar Ideen und Tipps, die Sie beim Erstellen Ihrer Geschichte berücksichtigen sollten:

- Verwenden Sie direkte Links und Tags. Erstellen Sie (Hash-)Tags für bestimmte Themen. Ähnlich wie bei den SEO-Keywords auf der Website ist ein relevanter Mix an (Hash-)Tags je nach Plattform wichtig, damit Sie gefunden werden.
- Lancieren Sie witzige Wettbewerbe im Themenfeld Ihrer Produkte. Fordern Sie Geschäftspartner, Mitarbeitende oder Kunden auf, eine bestimmte Aufgabe zu erfüllen, zum Beispiel ein überzeugendes Argument zu formulieren, warum ausgerechnet sie den Wettbewerb gewinnen sollten.
- Jedes Produkt und jede Dienstleistung hat eine eigene Geschichte. Veröffentlichen Sie Produktdemos, um Interesse zu wecken, und zählen Sie jeweils die wichtigsten zwei bis drei Vorteile auf. Natürlich mit einem Link zur Verkaufsseite für nähere Angaben zu Produkt und Serviceleistung.
- Halten Sie die Leser auf Trab, indem Sie ein exklusives Upselling oder ein Pauschalangebot erstellen. Ein «Jetzt-zugreifen-Angebot» wirkt überraschend und hat eine gewisse Dringlichkeit. Auch hier eignen sich Umfragen, Wettbewerbe oder andere Interaktionen, um die Reichweite zu erhöhen.

Ziel Umsatzsteigerung
- Verwenden Sie direkte Links und (Hash-)Tags.
- Lancieren Sie Wettbewerbe im Zusammenhang mit Ihren Produkten.
- Erstellen Sie exklusive Upsellings und Sofortangebote.

PRAXISBEISPIEL 12: **Blacksocks**

Das Schweizer E-Commerce-Unternehmen Blacksocks verkauft Socken, Unterwäsche und Hemden per Onlineabonnement – feine Unterbekleidung für erstklassige Herren. Die Firma hat das Socken-Abo in die Schweiz gebracht, um das mühsame Einkaufen und das lästige Sortieren der Socken nach dem Waschen zu vereinfachen.

Instagram-Post von Blacksocks

Dieses Instagram-Foto zeigt auf einen Blick, welchen Tragekomfort hochwertige Socken bieten respektive worum es geht: #Menswear, #Funky, #Wool, #Classic, #Knee, #Socks. Die Marke bekommt gute Noten für die Bildgestaltung, für die Tatsache, dass der Text kurz und knackig ist, und dafür, dass der Community ein «Jawohl, das will ich» geboten wird. Hier zeigt die Modemarke, dass sie die Sprache der Plattform fliessend beherrscht.

Der Link auf der Instagram-Biografie leitet direkt auf die Verkaufsseite, wo Männer Socken kaufen, abonnieren oder ein passendes Modell finden können. Was Blacksocks dadurch an Daten generiert, angefangen vom Kundenverhalten über Präferenzen bis zur Grösse, ist marketingtechnisch perfekt durchdacht.

Ähnliche Botschaft auf Facebook

Ähnliche Botschaft auf Twitter

QR
20

PRAXISBEISPIEL 13: Renz

Das schwäbische Familienunternehmen Renz entwickelt intelligente Paketkasten-anlagen. Hier werden Trends frühzeitig erkannt und passende Produktlösungen angeboten – etwa bei den neuen Paketkästen als Reaktion auf den boomenden Onlinehandel, die es den Kunden ermöglichen, Pakete so bequem zu empfangen wie Briefe.

Auf Facebook postet das Unternehmen perfekten Micro-Content: kompakt, unterhaltsam, produktbezogen und plattformspezifisch. Das Bild ist so plakativ, dass es sowohl einen PC-Bildschirm als auch ein Handydisplay ausfüllt. Die auffälligen Farben springen ebenso ins Auge wie die Textnachrichten. Renz hat alles getan, um sicherzustellen, dass niemand dieses Bild übersehen kann, wenn es im News-feed erscheint.

Facebook-Post der Renz Group

Wer auf den Link klickt, gelangt auf die Informationsseite «Mitarbeiteranlage für private Pakete am Arbeitsplatz» mit Verweis auf die Händlersuche. Auch im B2B-Bereich können Firmen die Neugier der Besucherinnen und Besucher wecken und sie mit digitalen Brotkrümeln zur Website eines Händlers in ihrer Nähe führen.

PRAXISBEISPIEL 14: **Globetrotter Travel Service**

Als geheimnisvolle Namen wie Kathmandu oder Goa vor knapp 50 Jahren ins hiesige Bewusstsein drangen, kehrten die modernen Pioniere des Individualreisens, Hippies und Globetrotter, bereits von dort zurück. Einer der ersten: Walter Kamm, der spätere Globetrotter-Gründer.

Individualisten sind sie immer noch, die Reiseleiter und Reiseleiterinnen von Globetrotter. Wohl keine Hippies mehr, dafür gute Verkäufer. So locken sie mit Hingucker-Bildern und einem kurzen Teaser auf die Website und zum eigentlichen Reisebericht. Dies geschickt, dass die User gleich einen Chat mit einer Reiseberaterin angeboten bekommen. Passt einem die Reise nicht und klickt man auf Reiseideen, erhält man Vorschläge für andere Angebote. Nicht wahllos irgendetwas, sondern Empfehlungen für das Gebiet, aus dem der ursprüngliche Reisebericht stammt.

Auch auf Instagram werden Bilder von Reiseerlebnissen gepostet. Instagram ist jedoch ziemlich eingeschränkt bei den Möglichkeiten, Links zu setzen. Der einzige erlaubte Link zeigt immer auf das Reiseziel des letzten Fotos und wird laufend angepasst.

Facebook-Post von Globetrotter Travel Service

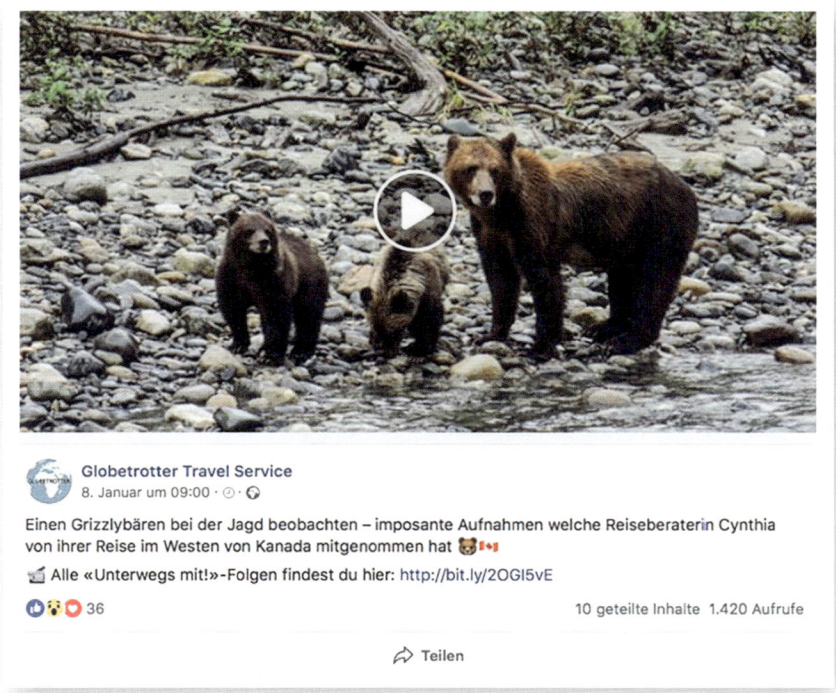

Globetrotter Travel Service
8. Januar um 09:00 · ⊙ · ⊙

Einen Grizzlybären bei der Jagd beobachten – imposante Aufnahmen welche Reiseberaterin Cynthia von ihrer Reise im Westen von Kanada mitgenommen hat 🐻🇨🇦

Alle «Unterwegs mit!»-Folgen findest du hier: http://bit.ly/2OGI5vE

👍❤️😮 36   10 geteilte Inhalte   1.420 Aufrufe

↪ Teilen

QR
21

Dieselbe Botschaft auf Instagram

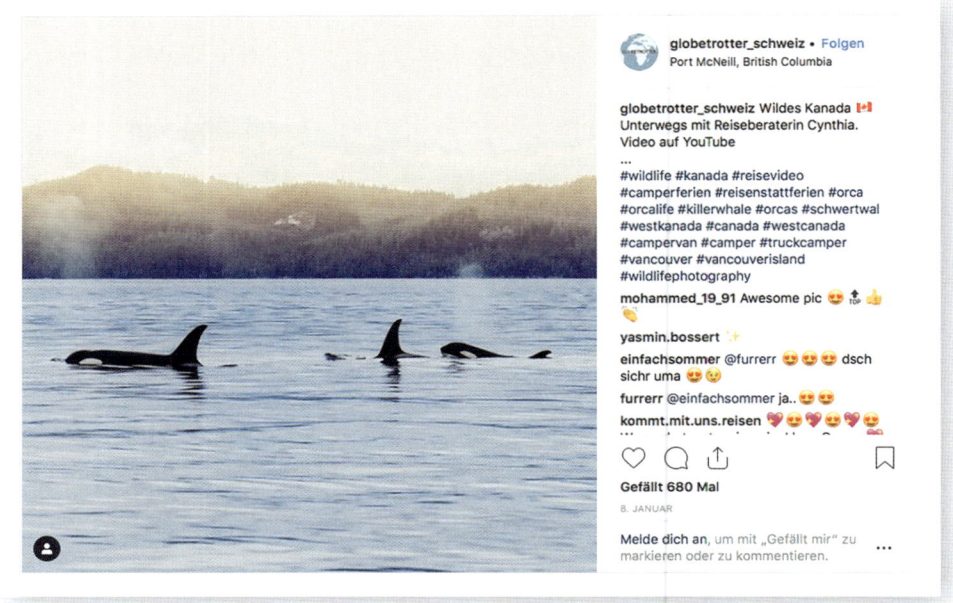

Dieselbe Botschaft auf YouTube

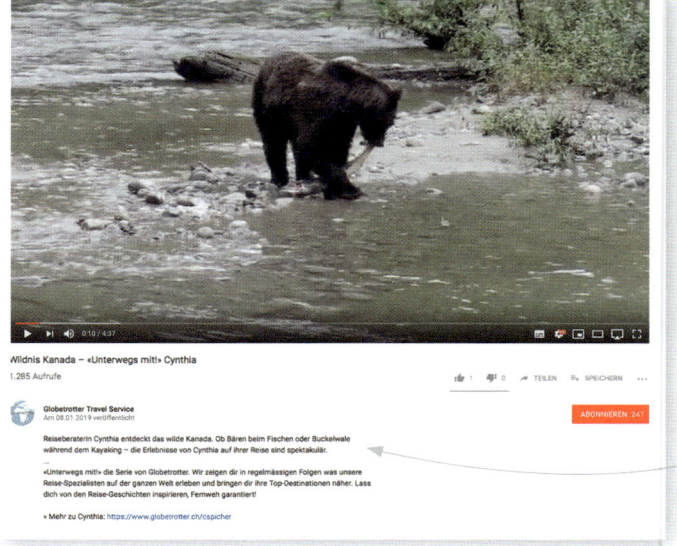

Reiseberaterin Cynthia entdeckt das wilde Kanada. Ob Bären beim Fischen oder Buckelwale während dem Kayaking – die Erlebnisse von Cynthia auf ihrer Reise sind spektakulär.

QR
22

Employer Branding (Arbeitgebermarketing)

Sie wollen Berufsleute auf Ihr Unternehmen aufmerksam machen und sie dafür begeistern, für Sie zu arbeiten? Hier finden Sie einige Inputs, wie Sie ein ehrliches Markenimage kreieren können.

- Lassen Sie Ihre Mitarbeitenden in kurzen Videosequenzen über den ganz individuellen Weg erzählen, der sie zu ihrer jetzigen Position geführt hat. Mitarbeitende sind die besten (Weiter-)Erzähler, wenn es um ein authentisches Bild als potenzieller Arbeitgeber geht.
- Porträtbilder haben eine starke Wirkung. Erst recht, wenn Sie das Foto mit einem knackigen Zitat, zum Beispiel mit «Was mich auszeichnet…», als Bildstory hochladen und im Text einen Link zur Titelgeschichte einfügen.
- Beim Employee-Storytelling interessieren besonders Schlüsselcharaktere: Mitarbeitende, die am längsten im Unternehmen sind, Tüftlerinnen und Produktentwickler, Quereinsteiger oder Mitarbeiterinnen, die bereits viele Abteilungen des Unternehmens kennengelernt haben. Variieren Sie Bild und Text mit Insights und Momentaufnahmen: je menschlicher, desto besser.

Versuchen Sie, so viele dieser Elemente und Strategien wie möglich in Ihre Social-Media-Geschichten zu integrieren. Testen und verfolgen Sie die Ergebnisse jeder Geschichte, um zu bewerten, wie das Publikum auf Ihre Inhalte reagiert. So können Sie Formate oder Formulierungen optimieren.

Ziel: Stärkung der Arbeitgebermarke

- Machen Sie Ihre Mitarbeitenden zum Fokus der Kommunikation.
- Haben Sie den Mut, auch von Hürden und Niederlagen zu erzählen.
- Sprechen Sie nicht über die eigenen Vorteile und Produkte, sondern kreieren Sie eine inspirierende Markenumwelt.

PRAXISBEISPIEL 15: Amsler & Frey AG

Von der Knistertüte bis zum Staubsaugergehäuse – Kunststoffe gehören zu unserer alltäglichen Lebensrealität. Die Firma Amsler & Frey AG aus Schinznach-Dorf arbeitet mit Kunststoffen. Sie produziert Fertigteile und Halbfabrikate für höchste Ansprüche und mit grösstmöglicher Genauigkeit. Für unterschiedlichste Branchen bietet sie Hightech vom Feinsten.

Es ist schön zu sehen, wie ein Unternehmen, dessen Produkte sehr technologielastig sind, auf Facebook seine menschliche Seite zeigt. Der Link verweist auf die

Titelgeschichte und führt den Leser, die Leserin ganz nahe zu Markus Zumstein und seiner Arbeit. Hinter einer präzisen Lösung steht oft stundenlanges Grübeln. Und wie so oft liegen Erfolg und Enttäuschung nahe beieinander.

Facebook-Post von Amsler & Frey AG

Die eigenen Mitarbeitenden sind die wichtigsten Heldinnen und Helden, wenn es darum geht, ein authentisches und attraktives Bild von der Firma als Arbeitgeberin zu zeichnen. Amsler & Frey hat hier bewusst auf theoretische Argumente verzichtet und dem Unternehmen mit dieser Geschichte ein fassbares Profil gegeben. Die einzige Verbesserungsmöglichkeit liegt im Foto: Ein frontales Porträtbild hätte im Newsfeed bestimmt eine grössere Wirkung erzielt.

PRAXISBEISPIEL 16: Hüsser Innenausbau AG

Inneneinrichtung ist etwas sehr Individuelles. Jede und jeder hat einen eigenen Geschmack und eigene Wohlfühl- und Alltagsbedürfnisse. Das fängt beim Kochen an und hört mit dem Sich-wohnlich-Einrichten längst nicht auf. Die Schreinerei Hüsser Innenausbau in Bremgarten liebt die Arbeit mit Holz und anderen Materialien und weiss, dass jedes Brett, jeder Balken ein individuelles Kunstwerk der Natur ist. Dementsprechend beraten die Mitarbeitenden ihre Kundinnen und Kunden.

Facebook-Post der Hüsser Innenausbau AG

Das Foto wirkt sympathisch und ist gross genug, dass jemand, der gerade durch seinen Newsfeed scrollt, anhält und fragt: «Wer sind denn diese beiden Herren?» Und dann klickt er oder sie vielleicht auf die (Schreiner)-Geschichte und erfährt von selbst entworfenen Türen, die man im Geheimen öffnen kann. Und von Begegnungen in einer Strafanstalt. Die Website von Hüsser Innenausbau ist voll mit guten Geschichten.

Der gesamte Auftritt beweist Sinn für Ästhetik, lässt die Qualität und das Herzblut erkennen, mit dem sich alle Mitarbeitenden für die Firma einsetzen.

Dieselbe Botschaft auf Twitter

PRAXISBEISPIEL 17: Egli Jona AG

Egal ob die Sonne scheint, ob es heiss oder kalt ist, regnet oder stürmt: Die Gärtner von Egli Jona sind draussen in Rapperswil-Jona, in der Region rund um den Zürichsee und im Zürcher Oberland. Seit 70 Jahren planen und gestalten sie Gärten und Terrassen – mit dem Blick fürs Ganze und einem Auge für Details.

Im Gartenbau herrscht akuter Mangel an Fachpersonal. Gut geschulte Mitarbeiterinnen und Mitarbeiter wandern in finanziell lukrativere Branchen ab – und das bei vollen Auftragsbüchern. Was also bleibt einem Unternehmen, wenn es über die klassischen Medien keine Interessenten mehr erreicht?

Die Egli Jona AG positioniert sich in den sozialen Medien als sympathische Arbeitgeberin. Sie tut das zum Beispiel, indem sie den Wochentag «Freitag» mit dem einnehmenden Bild eines Mitarbeitenden einläutet. Die Handlungsaufforderung ist unmissverständlich: «Lerne uns näher kennen und werde Teil unseres Teams!»

Auf der Website empfängt das Unternehmen die Interessenten mit einem «Wir brauchen dich!». Wer weiter nach unten scrollt, wird von Christian Egli persönlich per Video angesprochen und dazu motiviert, sich direkt bei ihm zu melden.

Facebook-Post der Egli Jona AG

Dieselbe Botschaft auf Instagram

eglijona #fridayface mit
Michaela, eine unserer
Vorarbeiterinnen. Lerne
uns näher kennen und
werde Teil unseres
Teams!
Link in der Bio

Dieselbe Botschaft auf Twitter

Dieselbe Botschaft auf YouTube

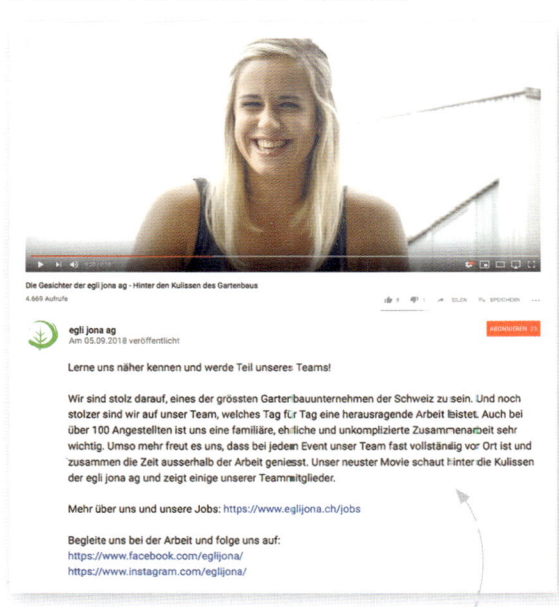

QR
23

Lerne uns näher kennen und werde Teil unseres Teams!

Wir sind stolz darauf, eines der grössten Gartenbauunternehmen der Schweiz zu sein. Und noch
stolzer sind wir auf unser Team, welches Tag für Tag eine herausragende Arbeit leistet. Auch bei über
100 Angestellten ist uns eine familiäre, ehrliche und unkomplizierte Zusammenarbeit sehr wichtig,

FAZIT

Unternehmenskultur und Unternehmenswerte spielen in der digitalen Kommunikation eine grosse Rolle – erst recht, weil Unternehmen immer transparenter werden. Gerade hier zeigt sich, dass es im Storytelling und im Content-Marketing keinesfalls immer nur um Neukundengewinnung und Umsatz geht. Arbeitgebermarketing und Markenbekanntheit spielen eine ebenso grosse Rolle. In der Industrie wird oft das Potenzial verkannt, das in Personen liegt, die Informationen im starken Masse weiterleiten. Solche Multiplikatoren gehören nicht zum engeren Kreis der Kundinnen und Interessenten, sie können aber dennoch für Reichweite sorgen.

Auf Social Media lassen sich Geschichten mit wenig Mitteln erfolgreich erzählen. Die Plattform allein macht aber noch nicht die Geschichte. Immer gilt es, zunächst die einzelnen Inhalte zu planen und zu entwickeln: Welche Schwerpunkte wollen Sie setzen, wer soll angesprochen sein?

Strategie, Reichweite und Präsenz

Man nehme einen guten Text, drei aussagekräftige Bilder, eine Handvoll animierter Grafiken, füge alles zu einer Geschichte zusammen, fülle sie in eine Backform und verteile das Resultat in kleinen Mengen unter die Menschen.

Erfolgsrezepte sind eine heikle Angelegenheit, denn sie passen selten zum eigenen Unternehmen und zum jeweiligen Umfeld. Dennoch steckt hinter jeder erfolgreichen Storykampagne eine Taktik.

Der dominierende Handlungsstrang

Der britische Journalist und Buchautor Christopher Booker hat die Handlungsstränge von Hunderten von Geschichten und Filmen analysiert und sie in sieben Plots eingeteilt (diese und noch mehr Plots finden Sie in der Toolbox in Kapitel 3 wieder, siehe Seite 138).

1. Suche
2. Tragödie
3. Reise und Rückkehr
4. Das Monster überwinden
5. Vom Tellerwäscher zum Millionär
6. Komödie
7. Wiedergeburt

33
Literatur

Suchen Sie Plots, Geschichtengerüste für Ihre Kampagnen.

Ein Plot ist das Skelett, das Gerüst, die Grundstruktur, das Chassis, der Rahmen einer Geschichte. Ein Plot ist keineswegs statisch. Er ist kein Gegenstand, sondern ein Prozess und dient als inspirierende Grundlage der Handlung. Somit ist der Plot ein wichtiger Teil der Strategie.

Jede Content-Marketing-Strategie enthält immer auch ein Wertschöpfungsziel, eine gewünschte nächste Handlung. Diese kann aus einer Weiterempfehlung oder einem Kauf bestehen oder aus einer Meinungsveränderung, einem Imagegewinn, einer gestärkten Markenbindung.

Auf den folgenden Seiten finden Sie sieben Beispiele für eine gute Content-Marketing-Strategie. Es geht darin nicht um Leistungszahlen, sondern vielmehr um sinnvolle Ansätze für inspirierende Inhalte.

Der Plot «Suche»

Eine Heldin, ein Held bricht auf zu einem fernen Ziel. Erst dort kann sie oder die Mission erfüllen. Südtirol Marketing erzählt von der Suche nach der persönlichen Berufung. Das unternehmerische Ziel ist klar: Es geht darum, mehr Touristinnen und Touristen in die Region zu bringen. Aber wie differenziert man sich als Bergregion gegenüber der starken europaweiten Konkurrenz?

Die Marketingverantwortlichen hatten es tatsächlich gar nicht so schwer, Themen für das Storytelling zu finden. Man analysierte das Produkt: Was hat Südtirol zu bieten? Und wie dockt das als Inspiration an die Lebenswelten der Menschen von heute an? Heraus kam, dass Naturnähe, Entschleunigung, ästhetisches Anspruchsdenken und Nachhaltigkeit sehr gut als Kontrapunkte zu den Lebenswelten der Städter funktionieren.

Das Ergebnis ist «Was uns bewegt». Es sind Geschichten über Menschen im Südtirol. Menschen, die in ihrem früheren Leben klassische Berufe als Bankmanager, Versicherungsmaklerin oder Schuhverkäufer hatten. Sie sind ausgestiegen und arbeiten nun zum Beispiel als Weinproduzentin oder als Schneider für Lederhosen.

Diese Ausstiegsszenarien bedienen das Sehnsuchtsdenken der Stadtmenschen. Der Handlungsaufruf widerspiegelt das menschliche Bedürfnis, sich weiterzuentwickeln und sich neue Ziele zu stecken, die Sinn im Leben geben. Hier geht es um Abenteuer, die uns weiterbringen.

> **Die Heldin, der Held geht auf eine Reise.**

Südtirol Tourismus: «Was uns bewegt»

Ästheten

Bei Drechsler Fritz dreht sich (alles um) die Zirbe.

Zum Video
Ein Holz, das lebt

> Bei Drechsler Fritz dreht sich (alles um) die Zirbe.

QR 24

Auf der Website von Südtirol ergeben die Videos, Texte und Bilder ein harmonisches Miteinander. Zu Recht erhielt «Was uns bewegt» 2015 den deutschen Content-Marketing-Preis.

Der Plot «Tragödie»

Die Heldin, der Held nimmt sich etwas vor und scheitert. Im tragischen Ende liegt der wesentliche Unterschied zu allen anderen Plots. Eine echte Tragödie eignet sich kaum für eine Unternehmensgeschichte. In Verbindung mit der Komödie funktioniert sie aber glänzend: etwa für die Mobiliar. Der Versicherer hat ein Markenbild aufgebaut, das sich vom üblichen «Wir-sind-immer-für-Sie-da» der Branche abhebt.

Inspiriert von alltäglichen, bildhaft witzigen Schadenmeldungen der Kunden, entstand 1998 eine der erfolgreichsten Werbekampagnen der Schweiz: «Liebe Mobiliar, als ich …» kennen die meisten von uns aus dem Fernsehen und von Printanzeigen. Und auch mit den in Not geratenen Strichmenschen auf den Plakaten fühlen wir empathisch mit.

Der Handlungsaufruf der Geschichten zielt darauf ab, die eigenen Fehlentscheide und die Einflüsse von aussen rechtzeitig zu erkennen, den Untergang abzuwenden und stattdessen als «Held» wieder aufzustehen. Am sinnvollsten ist dieser Plot in Szenarien, in denen Leben, Gesundheit und Familie ernsthaft auf dem Spiel stehen.

> **Heldinnen und Helden sollen auch scheitern dürfen.**

Kampagne «Liebe Mobiliar, …»

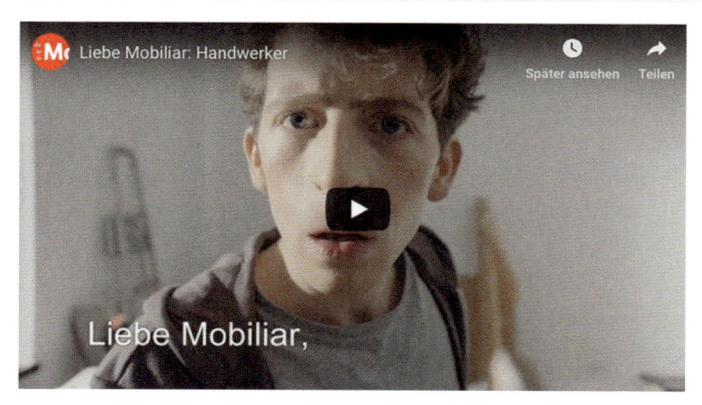

QR
25

Die Mobiliar setzt ihre Geschichten multimedial wunderbar in Szene. Ein gelungener Marketingmix aus Plakaten, Werbespots und Ratgebern, etwa für den Fall von Schäden an Mietwohnungen. Flankiert wird die Kampagne mit Posts und Internet-Memes auf allen gängigen Social-Media-Plattformen.

Der Plot «Reise und Rückkehr»

Diese Art Geschichte führt die Heldin, den Helden in eine unbekannte Welt. Im Zentrum steht die Entdeckungsreise, bei der man nicht weiss, was vor einem liegt. Der Weg ist das Ziel.

Spirituosen-Onlineshops gibt es viele und der Wettbewerb ist hart. Deshalb lädt die Tastillery aus Hamburg ihre Kundinnen und Kunden in einer neunteiligen Videoreihe zum Whisky-Abenteuer ein. Die Gründer Andreas und Waldemar Wegelin haben fünf Destillerien in allen Regionen Schottlands besucht, um die Seele der Whiskys zu entdecken. Mit Erfolg. Wie die witzigen und äusserst charmanten Episoden zeigen, lässt sich der Geschmack von Whisky in allem wiederfinden.

Der Aufruf ist eine Aufforderung, für einen begrenzten Zeitraum an einen neuen Ort zu kommen, um neue Inspiration, Erfahrungen und Perspektiven zu gewinnen.

Entdeckungsreise «The Whisky-Adventure»

QR
26

Im Onlineshop bieten die Wegelins die fünf besten Whiskys als Probierset zum Nachtrinken an. Der hochwertigen Geschenkverpackung liegen eine Verkostungsanleitung und Geschmacksnotizen bei, dazu Storys und Infos zu den einzelnen Produkten – Liquid Storytelling halt. Wer seinen Liebling gefunden hat, kann die Originalflasche ebenfalls online bestellen.

Der Plot «Das Monster überwinden»

Das Monster zu überwinden, ist einer der zentralsten Plots im Storytelling. Das Monster kann ein äusserliches sein: ein Gegenstand, ein Ort, ein Rivale. Oder es liegt im Charakter des Helden, der Heldin; Zweifel, Ängste oder eine Schwäche müssen überwunden werden.

Das Universitätsspital Basel ist tagtäglich mit Menschen konfrontiert, die den Wiedereinstieg ins Alltagsleben nur mit Disziplin und starkem Willen schaffen. Erfolgsgeschichten sind darum wichtig, weil sie Patientinnen und Patienten Mut machen, in Möglichkeiten zu denken.

Denn wer hätte es schon für möglich gehalten, dass der 68-jährige Zehnkämpfer Herbert Mattle nach heftigen Herzrhythmusstörungen doch noch an der Leichtathletik-WM der Senioren teilnehmen kann? Nein, die Reise nach Perth hat ihm bestimmt niemand zugetraut. Mattle aber hat sich von einem Kardiologen genau beraten lassen und sich drei Monate vor Wettkampfbeginn für einen operativen Eingriff entschieden. Mit Erfolg: Er hat den Aufruf «Das Monster überwinden» wahrgenommen, die Hürden gemeistert und die Chancen zu seinen Gunsten genutzt. Und wer Mattle am Bildschirm beim Training zusieht, versteht, warum ein Spitzensportler niemals aufgibt.

Die Heldin, der Held muss Grosses leisten.

Patientengeschichte von Herbert Mattle

QR
27

Die Geschichte ist Teil einer gross angelegten Imagekampagne mit Plakatwerbung, Inseraten und einer Landingpage, auf der die Patientengeschichten sowie aufklärende Expertengespräche publiziert sind. Flankiert wurde die Kampagne von einem Tag der offenen Tür. Der Protagonist Herbert Mattle war an diesem Tag persönlich zugegen.

Der Plot «Vom Tellerwäscher zum Millionär»

Dieser Handlungsstrang klingt vordergründig sehr nach Aschenputtel und wirkt fast langweilig. Er lässt sich aber wunderbar auf zeitgemässe Art interpretieren: «Vom aufmüpfigen Rebell zum gemässigten Optimisten», wie der Jahresbericht der Stiftung Alterswohnungen der Stadt Zürich (SAW) anschaulich zeigt.

Auf den Wartelisten für die gut 2000 Wohnungen der Stiftung Alterswohnungen der Stadt Zürich stehen über 3000 Wohnungssuchende. Werbung hat die SAW nicht nötig. Gerade deshalb investiert sie in ihr Image. Denn angesichts des grossen Bedarfs will sie in den nächsten Jahren möglichst viele weitere günstige Alterswohnungen bauen. Da Bauland in Zürich rar ist, ist die Stiftung für neue Bauvorhaben auf politische Unterstützung und Kooperationspartner dringend angewiesen.

50 Jahre nach 1968 sind die «alten Achtundsechziger» tatsächlich alt. Wer damals 23 war, ist heute mit 73 im Durchschnittsalter der SAW-Mieterinnen und -Mieter beim Einzug. Was ist aus den damaligen Revoluzzern geworden? Ihre Träume kreisen heute um auffällig weichere Themen: Der eine geniesst die Mitmachkultur unter den Bewohnerinnen und Bewohnern, die andere stört sich am Kulturcrash zwischen spiessig und liberal. Eines aber ist allen gemeinsam: der Drang zum Unabhängigsein.

Die Botschaft lautet: Selbstverwirklichung durch Verwandlung in das, was man schon immer war. Erwachsen sein und jugendlich bleiben.

Storytelling auf der Website der SAW

Der Jahresbericht «Die Alten 68er kommen!» präsentiert sich als interaktive «Scrollytelling»-Microsite. Der Auftritt beweist, «dass gute Ideen und sinnvolle Interaktionen besser sind als teurer Budenzauber». Dafür gab es beim Best of Content Marketing Award 2018 Gold in der Kategorie Reporting Digital/Crossmedia.

Der Plot «Komödie»

Komödien sind für Leute mit Humor. Sie drehen sich um abstruse Beziehungen, verwirren und schaffen es am Ende doch, Missverständnisse – von denen es häufig mehrere gibt – aufzuklären. Überraschung und Unerwartetes sind die Basis für guten Humor. Genau die perfekte Ausgangslage für die Kampagne «Gemeindeweites und herzliches Fotografierverbot» der Berggemeinde Bergün.

Es ist wissenschaftlich erwiesen, dass schöne Ferienfotos auf Social Media die Betrachter unglücklich machen, weil sie das Gezeigte selber nicht haben erleben können. Mit diesem Argument verbot Graubünden Tourismus das Fotografieren in Bergün und lud gleichzeitig die Touristen herzlich ein, die 500-Seelen-Gemeinde persönlich zu erleben. Man war gewillt, das Verbot durchzusetzen und bei Zuwider-handlungen eine Busse von fünf Franken zu erheben. Von den Twitter-, Instagram- und Facebook-Accounts der Tourismusorganisation wurden alle Fotos entfernt und die Website wurde bereinigt. Und natürlich haben auch die Medien auf ihre Anfragen hin keine Bilder von Dorf und Landschaft erhalten.

Das herzliche Fotografierverbot der Gemeinde Bergün

QR
29

Ein Jahr nach dem «Herzlichen Fotografierverbot» hat die Gemeinde ihr Ziel – mehr Reichweite und Bekanntheit – erreicht: Die Google-Bildersuche nach Bergün explodierte. Auf Twitter rangierte die kleine Gemeinde sogar ganz oben auf der Liste der Topthemen. Über die Kampagne ist in 21 Ländern auf sechs Kontinenten berichtet worden – alles in allem haben neun Millionen Menschen vom Fotoverbot gehört, und das für null Franken Mediabudget. Was bleibt hängen? Für Unternehmen bietet die Komödie unglaubliches Potenzial, da Humor die sozialen Kanäle bestimmt.

Der Plot «Wiedergeburt»
Das Comeback einer Marke als wunderbare Inszenierung für eine heldenhafte Geschichte: Erinnern Sie sich noch an Vivi Kola – braun, prickelnd, schäumend? Die Schweizer Limonade wurde vor 80 Jahren in Eglisau zum Sprudeln gebracht und in der ortseigenen Mineralquelle abgefüllt. Als Hauptsponsor der Tour de Suisse wurde sie schweizweit bekannt, während 30 Jahren war Vivi Kola der Durstlöscher schlechthin. 1986 wurde die Produktion aufgrund des Konkurrenzdrucks der amerikanischen Colas eingestellt.

   Mit der Eröffnung des «Vivi Café» im Juni 2010 ist die einstige Kultmarke zu neuem Leben erwacht. Parallel erschien das reich illustrierte Buch «Vivi Kola – Zeitgeist in Flaschen». Dann, acht Jahre später, zum 80-jährigen Jubiläum, realisierte Vivi

Der Held, die Heldin plant das Comeback.

Kola die Kampagne «80 Jahre jung, immer noch spritzig!» mit Menschen des Jahrgangs 1938. Charmant war der «Take-over» auf Instagram: Eine Woche lang bespielte die achtzigjährige Ingrid den Social-Media-Kanal von Vivi Kola. Damals wie heute will man die Erinnerungen der Menschen, die mit der Schweizer Limonade aufgewachsen sind, aufleben lassen. Das Unternehmen setzt auch auf die junge Generation und lässt Influencer das Produkt auf den sozialen Medien kreativ in Szene setzen.

Vivi Kola soll ein Genussmittel bleiben und regional verankert sein. Formel und Auftritt wurden aber dem Ruf nach mehr Gesundheit und Nachhaltigkeit angepasst. So enthält das Getränk weniger Zucker und die Flaschen werden wiederverwertet.

Marken sind oft genötigt, sich aufgrund der immer schneller werdenden Innovationszyklen ständig neu zu erfinden. In diesem Plot geht es um Geschichten über Neuerfindungen oder Erneuerungsprozesse. Es geht darum, Ballast abzuwerfen und von Neuem zu beginnen.

Instagram-Posts von Vivi Kola

QR 30

Kein Content fliegt ohne Seeding

34
Literatur

Gute Geschichten erzählen die Menschen von sich aus weiter. Und doch ist Storytelling ohne «Seeding» – ohne den ersten Samen, den Ansatz zum sogenannten viralen Marketing – nur der halbe Weg. Geben Sie Ihren Storys daher unbedingt den nötigen Anschub. Jonah Peretti, CEO von BuzzFeed, formuliert das so: «Content is king, but distribution is queen and she wears the pants» (Inhalt ist König, aber Verbreitung ist Königin, und sie trägt die Hosen).

Tanzen Sie ruhig auf allen Hochzeiten. Überall präsent zu sein, heisst im Fachjargon «Converged Media». Der Begriff beinhaltet die vier Disziplinen Paid Media, Earned Media, Owned Media und Shared Media.

- Mit **Paid Media** ist der Platz in den Medien gemeint, für den ein Unternehmen zahlen muss, um deren Reichweite zu nutzen – etwa Onlinebanner, Suchmaschinenwerbung, bezahlte Posts und Präsenz in den sozialen Netzwerken. Aber auch Influencer-Marketing und Blogger Relations gehören dazu.
- **Earned Media** ist der Platz in den Medien, den man sich verdient, indem man so gute Inhalte präsentiert, dass diese von Kundinnen und Kunden (sprich Usern), Bloggern, Journalistinnen und Journalisten aufgenommen und verbreitet werden.
- **Owned Media** meint die Medien, die vom Unternehmen direkt gesteuert werden. So publizieren Firmen ihre Inhalte auf ihrer Website, den eigenen Social-Media-Kanälen und in Kundenmagazinen.
- **Shared Media** umfasst Inhalte, die durch die Kundschaft oder Multiplikatoren an deren eigenen Freundeskreis weitergeleitet werden (Word-of-Mouth, Mundpropaganda). Aktive Social-Media-Nutzende werden so zu relevanten Akteuren – ein Phänomen, das in Branchen wie dem Tourismus oder E-Commerce oft matchentscheidend ist.

> **Vier Disziplinen verhelfen Geschichten zu Reichweite.**

Damit Ihr Content zum Fliegen kommt – also Reichweite erlangt –, braucht es ein strategisches Vorgehen, wie Sie die diversen Medien aktiv bedienen und die User zum Teilen anregen.

Bezahlte und verdiente Reichweite: An Google führt kein Wort vorbei
Erinnern Sie sich an die Zeit, als Suchmaschinenoptimierung (SEO, Search Engine Optimisation) nichts anderes war als eine Sammlung von Stichwörtern, eingebettet am Ende jeder Website? Findige Suchmaschinenoptimierer bauten laufend neue Stichwörter ein, um noch mehr Aufmerksamkeit zu erzeugen. War ein viel zitiertes Stichwort zusätzlich als Titel formatiert, schnellte die Seite in der Reihenfolge der Suchergebnisse nach oben.

Keywords (Suchworte) sind noch immer wichtig. Es macht durchaus einen Unterschied, ob Sie Winterpneus oder Winterreifen verkaufen. Ob Ihre Kundinnen und Kunden in einem Restaurant essen wollen oder lieber in einer Gaststube. Google hat aber seither viel dazugelernt. Ganz oben auf dem Radar steht das Wort Content: relevanter Inhalt – und keine unsinnige Aneinanderreihung von Suchbegriffen. Wenn Ihr Inhalt der beste zu einem Thema oder Keyword ist, dann erscheint er auch an erster Stelle. Googles wichtigste Mission ist, dass die Leute finden, was sie suchen.

Doch woran erkennen Suchmaschinen, ob ein Inhalt relevant ist? Ganz einfach: am Verhalten der Userinnen und User. So messen Websites und Google Analytics zum Beispiel die Absprungrate und die Absprungzeit. Wie lange verweilt eine Leserin, ein Leser auf einer Seite? Liest er die Inhalte durch, klickt sie gleich wieder weg?

Suchmaschinen-optimierung (SEO) hat für Unternehmen weiterhin hohe Priorität.

YouTube-Videos geniessen eine sehr grosse Aufmerksamkeit. Und da YouTube ein Tochterunternehmen von Alphabet/Google ist, werden Videos bis zu 50-mal häufiger auf der ersten Seite des Suchresultats angezeigt als andere Formate.

Seien Sie also kreativ, wenn es um Inhalte geht und stellen Sie in regelmässigen Abständen wertvollen Content bereit – Geschichten eben. Fühlen sich die Lesenden ernst genommen und unterhalten, kommen sie als Stammgäste gerne auf Ihre Website zurück.

Integrierte Kampagnen und Multikanal-Strategien

Weiter vorn in diesem Kapitel (ab Seite 69) haben Sie diverse Praxisbeispiele von Geschichten für die Förderung der Markenbekanntheit, für Neukundengewinnung und Umsatzgenerierung sowie das Arbeitgebermarketing kennengelernt. Viele dieser Geschichten wurden über verschiedene Social-Media-Plattformen kommuniziert.

Neben der eigenen Website und den Social-Media-Plattformen verbreiten Unternehmen ihre Inhalte auch über interne Newsletter sowie extern via E-Mails oder Unternehmenszeitschriften. In der Marketingwelt wird dann von integrierten Kampagnen gesprochen. Eine solche Kampagne kombiniert verschiedene Kanäle (Multikanal, Multichannel), um so die Kernbotschaft/en konsistent an die Zielgruppe zu übermitteln.

Marketingexperten wollen der Kundin, dem Kunden dort begegnen, wo die Kaufneigung am grössten ist und genau dann, wenn sie oder er Zeit hat, sich zu informieren. Um das zu erreichen, muss das Unternehmen dort sein, wo sich die Kundschaft aufhält, und nicht dort, wo das Unternehmen sie gerne hätte.

In der Modebranche beispielsweise sind gedruckte Werbung und Kataloge nach wie vor wichtige Kommunikationsformate. Doch internetbasierte Lösungen wie Onlineshops und -kataloge übernehmen zunehmend die Funktion der Printausgaben. Multikanal-Marketing (früher auch Omnichannel-Marketing) heisst also, mit der Zielgruppe über mehr als einen Kanal zu kommunizieren – und zwar so, dass das Unternehmen jederzeit erkannt wird.

Integriert und aufeinander abgestimmt auf allen relevanten Kanälen

Viele Unternehmen setzen ihre Kanäle parallel ein, ohne sie intelligent zu verknüpfen. Das bedeutet für die Kunden, dass sie sich nicht immer kanalübergreifend informieren können. Deshalb ist es wichtig, dass die Unternehmens- und Produktinformationen in einer E-Mail auch auf der Website einfach auffindbar sind. Und einige Tage oder Wochen nach einer Social-Media- und E-Mail-Kampagne sollten die Botschaften – teilweise leicht abgeändert – wiederholt werden. Dies wiederum setzt voraus, dass die Inhalte und Plattformen sauber verlinkt und immer aktuell sind. Die Kundschaft denkt nicht in Kanälen, sondern erhofft sich ein positives Erlebnis über Kanalgrenzen hinweg.

Auf der Suche nach wertvollen Inhalten erwarten Kundinnen und Kunden relevante Informationen. Sie wollen unterhalten werden – und das schürt natürlich gewisse Erwartungen. Umso wichtiger ist die Strategie hinter dem Multikanal-Ansatz. Diese lautet: Die Zielgruppe/n über mehrere Kanäle hinweg integriert und mit aufeinander abgestimmten Informationen auf rationaler, emotionaler und physischer Ebene ansprechen. Wer seine Kommunikationsmassnahmen optimal miteinander vernetzt, hat langfristig die grössten Chancen, eine echte Markenbindung zu schaffen und die Kommunikationsziele zu erreichen (mehr dazu lesen Sie auf Seite 145).

Multikanal: Plattformen und Kanäle einer integrierten Kampagne

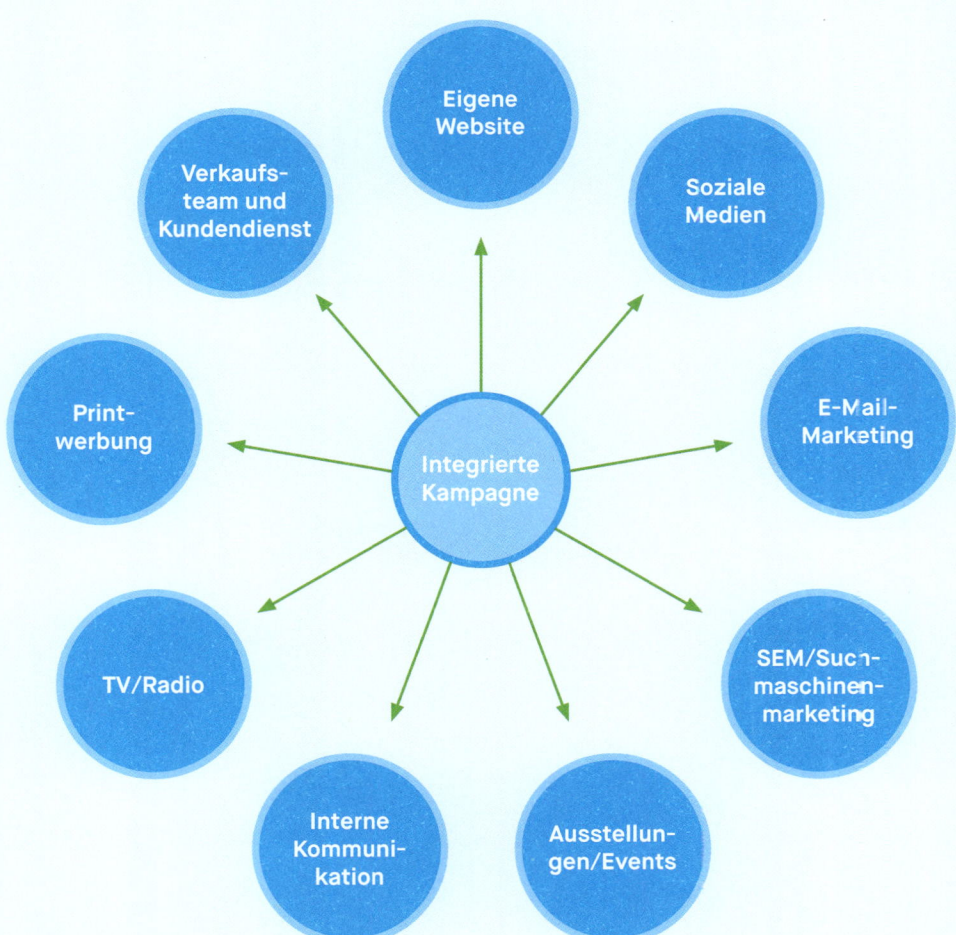

FAZIT

Geschichten stehen nicht für sich allein, und vor dem Content steht der Kontext. Welche Unternehmensziele sollen erreicht werden? Wer bildet die Zielgruppen? Welchen Mehrwert bieten die Inhalte für die Nutzerinnen und Nutzer? Und wie generieren wir Wertschöpfung für unser Unternehmen?

In einer Story wird ein einzelner Inhalt inszeniert, bebildert und erzählt. Storytelling ist der Content-Strategie untergeordnet und zeigt sich erst dann, wenn es einen durchgehend roten Faden gibt, der die Bezugsgruppen über kurz oder lang an das Unternehmen bindet.

Die Praxisbeispiele zeigen, wie Unternehmen Geschichten beispielhaft über unterschiedliche Formate und Kanäle hinweg verknüpfen und damit konsequent einen roten Faden spinnen. Solche Storys werden gerne weitererzählt. Aber darauf zu vertrauen, wäre leichtsinnig. Darum: Storytelling ohne virales Marketing ist nur der halbe Weg.

3 Toolbox: So setzen Sie Storytelling um

Willkommen in der Welt der Geschichtenerzähler und Strateginnen. Falls Sie sich wundern, was die Kreativen mit den Strategen verbindet – es sind die Geschichten. Mit den Instrumenten der Toolbox werden Sie Ihre eigenen Storys kreieren können.

Wie Sie die Toolbox am besten nutzen

Ob es darum geht, ein Thema für eine Geschichte zu finden, die Kundschaft genau zu beschreiben oder Ihre Geschichte zu verbreiten: Hier finden Sie brauchbare Ansätze für Storytelling. Es sind Fingerzeige für Ihren unternehmenseigenen Abdruck – für die Art, wie Sie kommunizieren und mit Menschen interagieren.

Die Toolbox und die Anleitungen erheben keineswegs Anspruch auf Vollständigkeit. Beim Durchblättern der Seiten werden Sie aber feststellen, dass Geschichten nicht einfach entstehen. Was mit «Es war einmal …» anfängt, braucht für ein erfolgreiches Ende viel geistigen Einsatz, einen langen Atem und vor allen Dingen: ein motiviertes Redaktionsteam.

Legen Sie los, schreiben Sie Ihre Geschichte zu Ende, haben Sie Spass dabei – und vergessen Sie nicht, Ihre Story unter die Leute zu bringen.

Gute Geschichten und Content-Strategie

In dieser Toolbox finden Sie verschiedene Methoden und Techniken, Vorlagen und Schritt-für-Schritt-Anleitungen zu zwei wesentlichen Themen:
- Wie baue ich eine gute Geschichte auf?
- Wie unterstütze ich mit der richtigen Content-Strategie meine Marketingziele?

Das Material ist in fünf Phasen unterteilt, die Ihnen das schnelle Erlernen vereinfachen. Die Unterlagen sind so aufgebaut, dass sie praktisch und unkompliziert anzuwenden sind. Nutzen Sie die Vorlagen, um Ihr Team zu coachen und zu inspirieren. Wer schnelle Lösungen sucht, kann überall starten. Unternehmen, die Storytelling in ihren Marketingmix integrieren möchten, werden mit dem ersten Teilkapitel beginnen wollen.

Wie Sie im vorderen Teil des Buches gesehen haben, steht hinter dem Begriff Storytelling eine veränderte Kommunikationskultur. Und wie in den meisten Fällen beruht der Wandel auf neuen Technologien. Die sozialen Medien sind eine Folge davon; sie stellen buchstäblich unser Miteinander auf den Kopf. Entscheidend ist, wie sich Ihr Unternehmen den neuen Technologien nähert und wie schnell Sie Ihre Strategien dem veränderten Kundenverhalten anpassen.

Planen Sie Ihre erste Kampagne mit Geschichten

Die folgenden fünf Phasen des Storytellings werden Ihnen den Einstieg erleichtern. In jeder Phase stehen Ihnen zwei Tools zur Verfügung.

PHASE I: Perspektive

Am Anfang steht die Perspektive. Sie müssen verstehen, wie Ihr Unternehmen von aussen wahrgenommen wird und wie Ihre Zielgruppe mit Ihrem Content interagiert. Die beiden Tools dieser Phase sind:

- **Content-Barometer:** Das Tool erfasst die externe Kommunikation eines Unternehmens. Sie analysieren damit Ihren digitalen Auftritt.
- **Onlineanalyse:** Sie setzt demografische Daten, Zeitspanne, Leseverhalten und Anzahl Websitebesuchende in Kontext.

PHASE II: Chancen

Die zweite Phase konzentriert sich auf die langfristige Strategie. Hier werden die wichtigsten Handlungsfelder definiert. Im Zentrum der Diskussion stehen Menschen und Ziele. Erst das Verständnis der Zielpersonen und der eigenen Ziele führt Sie zur richtigen Content-Strategie. Die zwei zur Verfügung stehenden Tools sind:

- **Personas:** Sie porträtieren den Kunden, die Kundin – oder eine andere Zielgruppe – anhand der beruflichen Ambitionen, Mediengewohnheiten, Interessen und des Kaufverhaltens.
- **Priorisierungsmatrix:** Dieses Tool zeigt auf, über welche Kanäle sich Markenbekanntheit und Kundenbindung erreichen lassen.

PHASE III: Story-Roadmap

In der dritten Phase geht es ums Geschichtenerzählen. Jede gute Geschichte braucht einen Grund, erzählt zu werden. Finden Sie den Kern Ihrer Geschichte und berühren Sie Ihr Publikum emotional. Das sind die Tools dafür:

- **Themenquellen:** Sie lassen erkennen, welche Themen am meisten interessieren und was in Zusammenhang mit Ihrer Marke, Ihrem Produkt oder Ihrer Dienstleistung von den Usern gesucht wird.
- **Storyboard:** Dieses zentrale Tool leitet Sie als Geschichtenerzähler, Geschichtenerzählerin durch die einzelnen Kapitel. Es verbindet die wichtigsten Kriterien für eine Story zu einem fertigen Gerüst.

PHASE IV: Umsetzung

Setzen Sie Ihrer Geschichte die Krone auf: «Distribution is Queen!» (Verbreitung ist Königin, siehe Seite 104). Nutzen Sie alle Ihnen zur Verfügung stehenden Formate und Kommunikationskanäle, um Ihre Inhalte unter die Leute zu bringen.

Die Aktionspläne beschreiben die konkreten Massnahmen für das Erreichen Ihrer Ziele und treiben die Aktionen aller Beteiligten voran. Diese zwei Tools sind dafür gedacht:

- **Erfolgsplan:** Er definiert Aktionen und Leistungskennzahlen (Fachausdruck: Key Performance Indicators, KPI), damit Sie den Erfolg Ihrer Massnahmen messen können.
- **Redaktionsplan:** Dieser Dreh- und Angelpunkt enthält sämtliche redaktionellen und crossmedialen Inhalte.

PHASE V: Auswertung

Klar definierte Kennzahlen (KPI) und Kundenbefragungen messen den Erfolg Ihrer Aktionen. Sie zeigen, welche Massnahmen greifen und wo Potenzial zum Optimieren ist. Das sind die Tools für diese Phase:

- **Quantitatives Cockpit:** Damit bewerten Sie den Content-Erfolg anhand der Interaktion der User mit Ihren Inhalten. Das quantitative Cockpit liefert aktuelle Zahlen und übersichtliche Grafiken.
- **Qualitatives Cockpit:** Dieses Tool widerspiegelt, ob sich die Lesenden mit Ihren Inhalten auseinandersetzen und welchen Effekt die Inhalte bei ihnen auslösen.

5 Phasen, 10 Tools

Die fünf Phasen bieten Ihnen also zehn Tools, die Sie bei der Erarbeitung Ihrer Storytelling-Kampagnen unterstützen. In der Tabelle finden Sie sie in der korrekten Abfolge aufgeführt.

Die zehn Tools für Ihre Storytelling-Kampagnen in logischer Reihenfolge

Schritt	Ihr Ziel	Methodik	Seite
1	Machen Sie sich mit Ihrer Kommunikation vertraut.	Content-Barometer	117
2	Stellen Sie fest, wie viele Ihrer Websitebesucher sich für welche Art von Inhalten interessieren.	Onlineanalyse	120
3	Skizzieren Sie Profile, um Ihre Geschichten an den Bedürfnissen, Erwartungen und Gewohnheiten Ihrer Zielgruppe auszurichten.	Personas	123
4	Stecken Sie sich Ziele und besprechen Sie die verschiedenen Wege, um diese zu erreichen.	Priorisierungsmatrix	126
5	Finden Sie heraus, welche Themen sich mit Ihrem Unternehmen verknüpfen lassen.	Themenquellen	130
6	Definieren Sie den Kern Ihrer Botschaft und befassen Sie sich mit den erzählerischen Möglichkeiten.	Storyboard	133
7	Erstellen Sie konkrete Lösungen, um die strategischen Ziele zu erreichen, und Messwerte, um den Erfolg zu kontrollieren.	Erfolgsplan	145
8	Koordinieren Sie alle redaktionellen Aufgaben.	Redaktionsplan	148
9	Messen Sie den quantitativen Erfolg Ihrer Inhalte.	Quantitatives Cockpit	151
10	Messen Sie den qualitativen Erfolg Ihrer Inhalte.	Qualitatives Cockpit	152

Beugger Gitarren Schweiz AG: das Fallbeispiel

Damit Sie sich ein besseres Bild von der Toolbox und der Anwendung der einzelnen Tools machen können, werden auf den nächsten Seiten alle Phasen am Beispiel der Firma Beugger Gitarren Schweiz AG durchgespielt. Das Unternehmen baut E-Gitarren und möchte mit gutem Storytelling bekannter werden und – auch international – wachsen. Die Vorlagen für die Toolbox finden Sie auch im Download-Angebot (www.beobachter.ch/download).

Beispiel | Das Familienunternehmen Beugger Gitarren Schweiz AG hat eine über hundertjährige Tradition in «Swiss Made»-Handwerk. 1910 hat Franz Beugger die «Beugger Möbelschreinerei» gegründet und sich als Möbelhersteller in der Schweiz etabliert.

Sein Enkel Samuel Beugger hat 2015 das Unternehmen vom Vater übernommen und in eine neue Ära geführt. Als Musikfan und Visionär hat er seinen Traum vom Gitarrenbauer verwirklicht und die Möbelschreinerei in Beugger Gitarren Schweiz AG umstrukturiert. Geblieben ist die Treue zum Schweizer Handwerk. Das Unternehmen zählt heute acht Mitarbeitende.

Das Unternehmen will mit seiner revolutionären E-Gitarre frischen Wind in die konservative Welt der Gitarrenbauer bringen. Seit 60 Jahren werden praktisch alle E-Gitarren genau gleich hergestellt. Samuel Beugger hat 2016 eine neue E-Gitarre entwickelt. In seinem Instrument stecken Schweizer Hightech, Klangvielfalt und edle Materialien. Die E-Gitarre basiert auf einer völlig neuen Bauweise, die dem Ton eine einzigartige Resonanz verleiht. Dank eines guten Netzwerks konnte sich BEugger mit seiner E-Gitarre «Jessy» in der Schweiz schnell etablieren. Um erfolgreich zu sein, muss er jedoch expandieren und seine Bekanntheit in Europa ausbauen. In der Kommunikation will er auf folgende Zielgruppen und Ziele fokussieren:

- B2C (Business to Consumer), Kampagnen direkt an die Endkonsumierenden:
  - Markenbekanntheit bei Profimusikern und Enthusiasten weiter ausbauen
  - Bands gewinnen, die mit der neuartigen E-Gitarre spielen wollen
- B2B (Business to Business), Kampagnen an Firmen bzw. Händler:
  - Aufbau der Markenbekanntheit bei Distributoren und Vermittlern
  - Aufbau eines Netzwerks von Firmen, die in einem ähnlichen Umfeld tätig sind, zum Beispiel von Lieferanten oder Herstellern anderer Instrumente

Samuel Beugger hat bereits einige Erfahrungen mit den sozialen Medien gemacht und möchte – basierend auf Storytelling und mittels der wichtigsten digitalen Kommunikationsplattformen – eine ganzheitliche Marketingstrategie aufbauen.

Phase I: Perspektive

Für eine erfolgreiche Storytelling-Kampagne benötigen Sie zwei Dinge: erstens eine gute Recherche und zweitens einen Plan. Doch bevor Sie nun anfangen Pläne zu schmieden, lohnt sich ein Blick zurück.

Gehen Sie der Frage nach, wo Sie in Sachen Unternehmenskommunikation heute stehen und was Ihre bisherigen Erfahrungen zeigen. Es hilft nichts, in blinden Aktionismus auszubrechen. Nur wenn Sie wissen, was in der Vergangenheit passiert ist, können Sie ähnliche Szenarien zu Ihrem Vorteil nutzen und Schwachpunkte verbessern.

Nennen Sie diese Phase ruhig auch Standortbestimmung oder Ist-Analyse – was immer für Sie und Ihre Mitarbeitenden am sinnvollsten ist. Letztlich geht es darum, ein Gesamtbild zu erhalten, aus dem Sie die richtigen Schlüsse ziehen können.

Tool 1: Content-Barometer

Content-Barometer erfassen die externe Kommunikation Ihres Unternehmens: Wie, wo und mit wem kommunizieren Sie? Welche Informationen sind online zu finden? Sind die Inhalte gut lesbar, verständlich und für Ihre Zielgruppe relevant? Verschaffen Sie sich einen grösstmöglichen Überblick, indem Sie auch die Präsenz Ihrer Mitbewerberinnen und Mitbewerber analysieren.

> Nehmen Sie die Inhalte Ihres Unternehmens unter die Lupe. Wo stehen Sie heute?

Wozu benutzt man den Content-Barometer?
- Um zu messen, wie gut das Unternehmen in der Content-Produktion und in der Ausrichtung auf seine Kunden aufgestellt ist
- Um einen ersten Eindruck zu bekommen, wie effizient die Inhalte verarbeitet und veröffentlicht werden

Was bringt der Content-Barometer?
Barometer geben Anhaltspunkte zur (qualitativen) Verarbeitung von Content und lassen erkennen, wie die Inhalte auf die Bedürfnisse der Zielgruppe ausgerichtet sind. Sie erhalten damit eine erste, subjektive Rückmeldung zu Ihrem Auftritt. Und Sie erkennen Chancen, wie Sie Ihren Content wirkungsvoller auf den Nutzen für Ihre Kundinnen und Kunden ausrichten.

Wie nutze ich das Tool?

1. Nehmen Sie Ihren Onlineauftritt selbstkritisch unter die Lupe und bewerten Sie die einzelnen Fragen zu Zielgruppe, Content-Verarbeitung und Qualität der Inhalte auf einer Skala von 1 bis 7.
2. Machen Sie sich wo sinnvoll Notizen, ergänzen oder konkretisieren Sie einzelne Punkte.
3. Der abschliessende Content-Score (maximal 35 Punkte) gibt Ihnen einen ersten Anhaltspunkt, wo Sie im Content-Marketing stehen.

Beispiel | Content-Barometer

Nach ausführlichen Gesprächen mit seinen Mitarbeitenden füllt Samuel Beugger den Content-Barometer für seine Firma aus (siehe Tabelle).

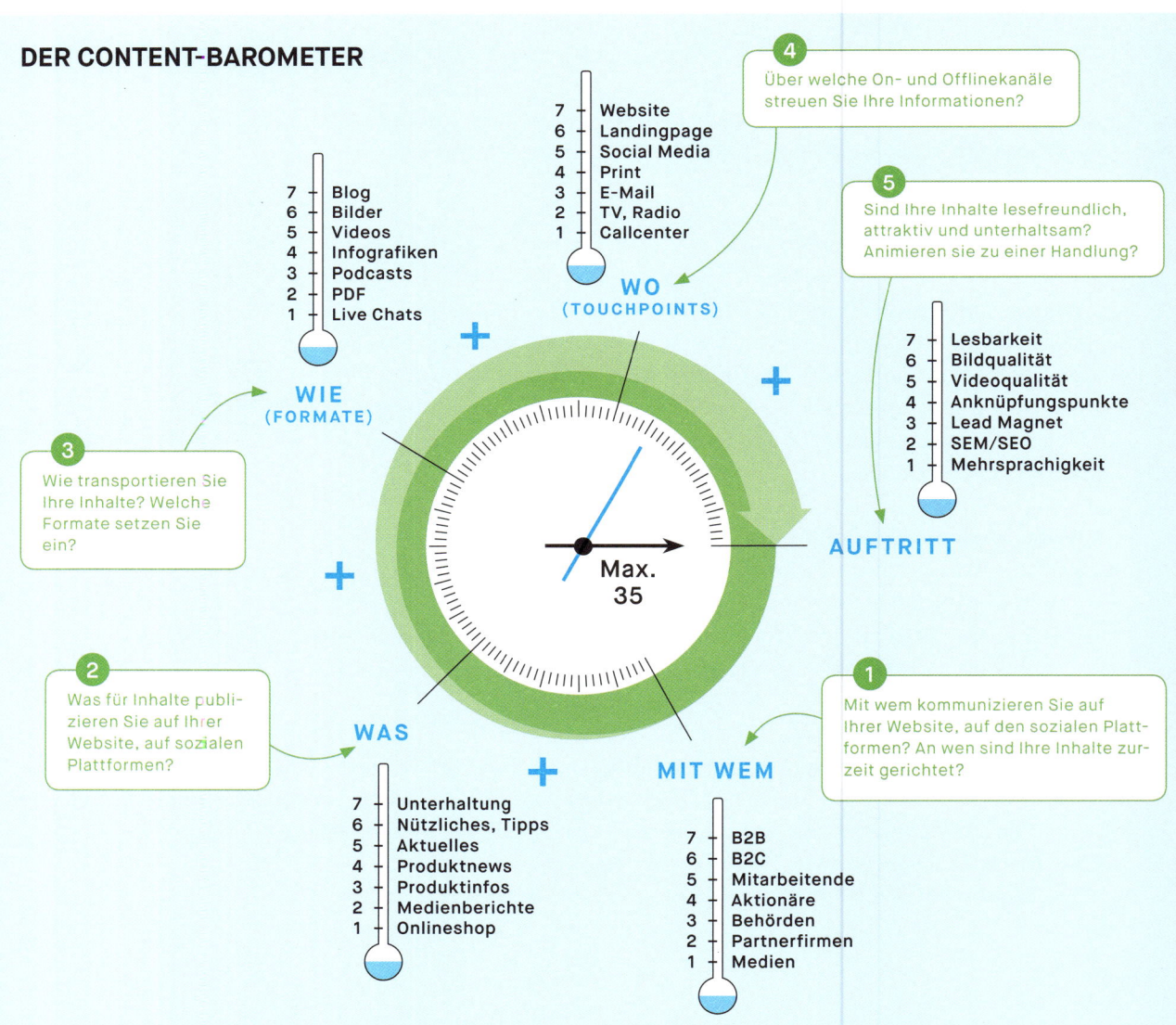

DER CONTENT-BAROMETER

DER CONTENT-BAROMETER von Beugger Gitarren Schweiz AG

MIT WEM

B2B	X	Händler, Hersteller anderer Instrumente
B2C	X	Musikliebhaber, Enthusiasten, Profimusiker/-innen, Bands
Mitarbeitende		
Aktionäre		
Behörden		
Partnerfirmen	X	Produktionspartner, Beeinflusser (Influencer) mit vertraglicher Bindung
Medien		
	3/7	

WAS

Unterhaltung	X	Porträts von Musikerinnen, Beeinflussern und E-Gitarren-Strassenmusikanten in Text und Bild, Hörproben
Nützliches, Tipps		
Aktuelles	X	Newssite mit Kurzmeldungen, Statusberichten
Produktnews		
Produktinfos	X	Beschreibung diverser Elemente: Konstruktion, Mikrofon im Tonabnehmer, Steg
Medienberichte	X	Medienberichte über Beugger Gitarren. Interview mit Radio Argovia als Podcast
Onlineshop	X	
	5/7	

WIE (FORMATE)

Blog		
Bilder	X	Eigene Bilder (auf Stockbilder wird bewusst verzichtet)
Videos		
Infografiken		
Podcasts	X	Hörproben
PDF		
Live Chats	X	Über Chat-Tool auf Website direkt mit Facebook-Messenger verbunden
	3/7	

WO (TOUCHPOINTS)

Website	X	
Landingpage		
Social Media	X	Facebook, Twitter, Instagram
Print	X	Inserate in Schweizer Fachzeitschrift (paid media), Unternehmensporträt in Schweizer Fachzeitschrift als junge, innovative Schweizer Firma (Earned Media)
E-Mail	X	Newsletter an B2C-Kunden
TV, Radio	X	Radio-Interview (Earned Media)
Callcenter		
	5/7	

AUFTRITT

Lesbarkeit	X	Kurze Textblöcke, Zwischenzeilen, einfacher Sprachstil, angenehme Schriftgrösse
Bildqualität	X	Authentische Bilder, grossformatig, professionelle Aufnahmen
Videoqualität		
Anknüpfungspunkte	X	Onlineshop
Lead Magnet	X	Hin und wieder Adwords-Kampagnen
SEM/SEO		
Mehrsprachigkeit	X	Deutsch, Englisch
	5/7	

Total 21 / 35

Tool 2: Onlineanalyse

Daten bergen ein riesiges Potenzial, wenn es darum geht zu verstehen, wie einzelne Zielgruppen mit Content interagieren. Wie werden die Inhalte von den Nutzern angenommen? Webstatistiken liefern sinnvolle Erkenntnisse aus der Analyse der User, der Kanäle und der konsumierten Inhalte. Sie beziehen sich auf absolute Zahlen und machen verwertbare Aussagen zum Erfolg Ihrer Content-Aktivitäten.

Wozu benutzt man die Onlineanalyse?
- Um quantitative und qualitative Aussagen über die Besucherinnen und Besucher der Website zu erhalten
- Um zu erkennen, welche Inhalte besonders Beachtung finden

Wie werden Ihre Plattformen und Inhalte zurzeit genutzt?

Was bringt die Onlineanalyse?
Wollen Sie erfolgreich kommunizieren, müssen Sie herausfinden, woher die Nutzerinnen und Nutzer auf Ihre Website kommen und wofür sie sich interessieren. Vielleicht werden Sie feststellen, dass eine Story eine viel höhere Verweildauer erzielt als ein Fachartikel. Oder dass Sie mehr Websitebesucher über Facebook generieren als über LinkedIn. Die Onlineanalyse liefert Ihnen eine fundierte Entscheidungsgrundlage, sodass Sie die richtigen Schlüsse aus dem Verhalten der Websitebesucher ziehen.

Wie nutze ich das Tool?
Es gibt zahlreiche Webstatistiken auf dem Markt – allen voran das gängige Google Analytics. Allerdings tun sich die meisten Analysetools schwer damit, Daten klar und überschaubar zu erklären. Data Studio ist ein benutzerfreundliches und (zumindest im Frühling 2019) kostenloses Dashboard-Tool von Google. Es visualisiert Daten in Minutenschnelle und erlaubt, Datenquellen vergleichsweise einfach zusammenzuführen und auf unterschiedliche Arten zu visualisieren. Selbstverständlich gibt es viele andere Anbieter solcher Onlineanalysen.

QR
31

Bestimmen Sie, welche Daten auf der grafischen Benutzeroberfläche angezeigt werden sollen. Und investieren Sie für das Aufsetzen der Grafiken Zeit und Energie, das garantiert Ihnen eine hohe Datenqualität.

Beispiel | Onlineanalyse
Beugger Gitarren Schweiz AG wertet als Ausgangsanalyse die bisherigen Nutzerdaten auf ihrer Website aus. Weiter interessiert sie die Interaktionsrate ihrer Posts auf den sozialen Medien. Damit Beugger die Daten später qualitativ bewerten kann, erstellt die Firma im Google Datastudio Grafiken mit den für sie wichtigsten Kennzahlen zusammen.

ONLINEANALYSE VON
BEUGGER GITARREN SCHWEIZ AG (AUSZUG)

Aufenthaltsdauer nach Alter, Geschlecht und Gerätekategorie

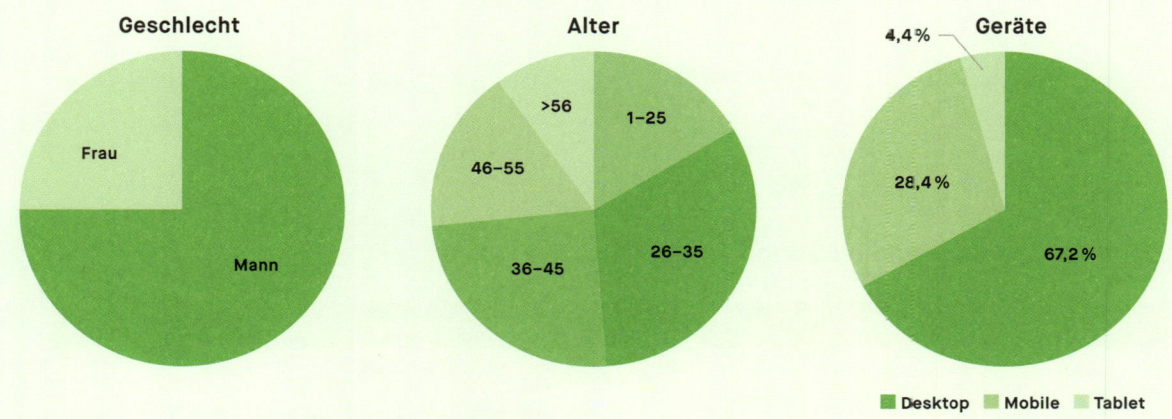

Geschlecht — Frau, Mann

Alter — >56, 46–55, 1–25, 36–45, 26–35

Geräte — 4,4 %, 28,4 %, 67,2 %

■ Desktop ■ Mobile ■ Tablet

Durchschnittliche Zeit auf der Website

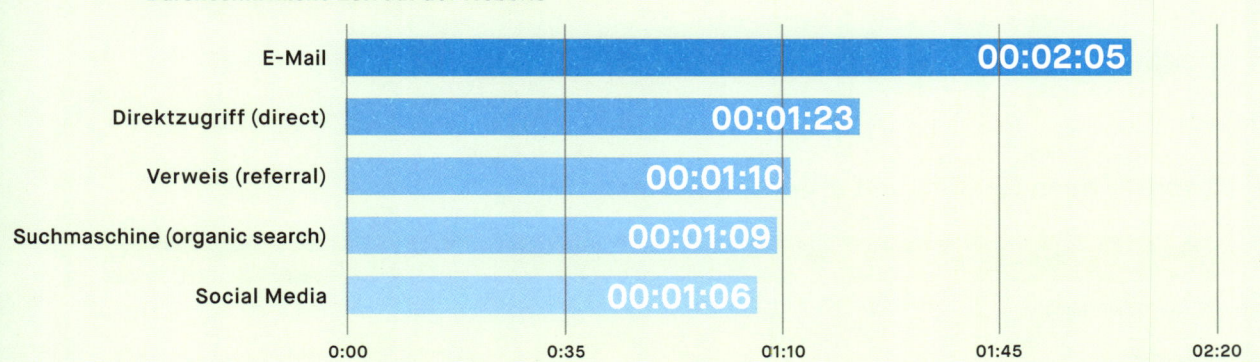

E-Mail	00:02:05
Direktzugriff (direct)	00:01:23
Verweis (referral)	00:01:10
Suchmaschine (organic search)	00:01:09
Social Media	00:01:06

0:00 0:35 01:10 01:45 02:20

Zugriffe auf Website, alle Besucher

	Zielseite	Verweildauer durchschn.	Seitenaufrufe ▼	% Ausstiege
1.	/home/beugger gitarren schweiz ag	00:01:09	3325	30 %
2.	/guitar-innovation/	00:01:05	1520	36 %
3.	/guitar-innovation/touch control	00:01:08	1334	49 %
4.	/production/guitar	00:02:00	1114	32 %
5.	/production/swiss guitar revolution	00:00:57	988	58 %

◁ ▷

Meistgelesene Geschichten

	Seitentitel	Verweildauer durchschn.	Seitenaufrufe ▼	% Ausstiege
1.	Der Gitarrenbauer	00:02:22	802	38 %
2.	the rolex within the guitar arena	00:02:14	736	83 %
3.	c'est le ton qui fait la musique	00:02:02	450	48 %
4.	Die Handwerkskunst	00:01:51	220	64 %
5.	Ein Klang erobert die Welt	00:01:41	204	34 %

◁ ▷

Zugriffe von Facebook-Besuchern

	Seitentitel	Verweildauer durchschn.	Seitenaufrufe ▼	% Ausstiege
1.	c'est le ton qui fait la musique	00:01:48	429	18 %
2.	pictures from events	00:01:39	418	39 %
3.	Der Gitarrenbauer – Beugger Gitarren Schweiz AG	00:01:18	316	85%
4.	the rolex within the guitar arena	00:01:12	287	63 %
5.	Die Handwerkskunst	00:00:58	102	56 %

◁ ▷

Zugriffe nach Quellen und über Newsletter

	Quelle	Sitzungen ▼	Nutzer	Seiten pro Sitzung
1.	google / organic	720	458	5,32
2.	direct	350	125	1,77
3.	Gitarrenbauer/referral	225	220	12,25
4.	facebook.com	204	287	5,46
5.	swiss hightech/referral	198	315	6,44
6.	m.facebook.com	162	214	2,31
7.	bing/organic search	62	175	2,31

◁ ▷

Phase II: Chancen

Storytelling ist alles, was bei den Usern Emotionen weckt und ihnen Informationen vermittelt. Das «Über uns» auf der Website ist Storytelling, der Newsletter ist Storytelling, das Unternehmensprofil auf LinkedIn ist Storytelling und natürlich sind es auch die Beiträge selbst. Geschichten entscheiden darüber, wie nachhaltig Ihre Marke im Gedächtnis bleibt und ob man Ihrem Unternehmen vertraut.

Gutes Storytelling basiert auf der Beziehung zwischen der Kundin, dem Kunden und dem Unternehmen. Das bedeutet, Unternehmen sollen ihre Kunden nicht mit Inhalten bombardieren, sondern ihnen genau die Antworten, Unterhaltung und Tipps liefern, nach denen sie suchen. Und genau dort, wo sie sie suchen. Dazu müssen sich die Unternehmen in die Lage ihrer Zielgruppe versetzen.

In dieser Phase definieren Sie zum einen Profile – Kunden und Kundinnen, Projektleitende, Einkäufer und Einkäuferinnen sowie andere Rollen, die für Ihr Unternehmen von Bedeutung sind. Zum anderen erfassen Sie Content-Ziele und legen fest, welche Medienkanäle prioritär benutzt werden sollen. Personas und die Priorisierungsmatrix unterstützen Sie dabei, Chancen zu lokalisieren.

Tool 3: Personas

Personas vereinen die wichtigsten Gemeinsamkeiten und Verhaltensmuster einer bestimmten Zielgruppe. Sie basieren auf Recherche, Interviews und Fakten. Sie sind das Gesicht Ihrer «Wunschkunden».

Wozu benutzt man Personas?
- Um die Inhalte besser auf die Bedürfnisse, Erwartungen und Gewohnheiten der Kundinnen und Kunden auszurichten
- Um Kundinnen und Kunden dort zu erreichen, wo sie sich tatsächlich aufhalten

Was bringen Personas?
Content wird für die Nutzerinnen und Nutzer erstellt. Damit Ihr Content für diese einen Mehrwert bietet und überhaupt Beachtung findet, müssen Sie unbedingt ihre Ziele, Bedürfnisse, Erfahrungen und Motive kennen. Nur so können sich Ihre Nutzer in Ihre Geschichten hineinversetzen und

> Lernen Sie mit Personas, welche Ansprüche Ihre Kundinnen und Kunden an Ihre Inhalte und Geschichten haben.

DIE PERSONA (FRAGEBOGEN)

Die Persona im
Download-Angebot
beobachter.ch/download

Demografische Angaben

Foto

- Geschlecht
- Alter
- Familiensituation
- Wohnsituation
- Karriereweg, berufliche Funktion
- Hobbys, Affinitäten

Rolle als Käufer

- Auf welchen Kanälen sucht die betreffende Persona nach Informationen: Facebook, LinkedIn etc./Newsletter, Foren etc./Print- und andere klassische Medien?
- Nutzt sie das Internet zur Information über Produkte und Anbieter?
- Ist sie auf Social Media präsent?
- Motivatoren, Influencer?
- Besucht sie Veranstaltungen, Fachmessen und/oder ist sie Mitglied in einem Verband?

Persönlichkeitstyp

- Prozessgesteuert
- Resultatgesteuert
- Sehr ambitioniert
- Hochleistungsmanager
- Risikoscheu
- Änderungen gegenüber eher abgeneigt
- Aufgeschlossen
- Festgefahren

Problem und Lösung

- Zu welchen Problemen sucht die Persona nach Lösungen?
- Welche Ziele, die mit bestehenden Ansätzen nicht mehr erreichbar sind, verfolgt sie?
- Welche aktuelle Marktentwicklung macht ihr zu schaffen?
- Welche Hürden muss sie unbedingt meistern, um erfolgreich zu sein?

Firmenprofil

- Für welche Art von Unternehmen arbeitet Ihre Persona?
- Ist es ein lokales Geschäft, regional, national oder global? Wo ist es ansässig?
- Ist das Unternehmen im B2B oder mit Endverbrauchern im Geschäft?
- Wie viele Mitarbeiter gibt es, wie hoch ist der Jahresumsatz?
- In welcher Branche, welchem Sektor ist das Unternehmen tätig?
- In welchem Lebenszyklus befindet sich das Unternehmen: Start-up, Wachstum, Reife, Rückgang?
- Wie könnten die Mitarbeitenden die Unternehmenskultur beschreiben: schnelllebig, agil, traditionell, bürokratisch?

Arbeitsleben

- Was sind die Ziele der Persona? Wie wird Leistung gemessen? Wie äussert sich Erfolg in ihrer Position?
- Was will die Persona an ihrem Arbeitsplatz erreichen und warum?
- Hindernisse zum Erfolg?
- Motivatoren?
- Welche besonderen Fähigkeiten benötigt die Persona für ihren Job?

Entscheidungsprozesse, Kaufgewohnheiten

- Wie gross ist der Grad der Budgetkontrolle und Einflussnahme auf einen Kaufentscheid?
- Hauptentscheidungskriterien?
- Welche Einwände könnte ihr Angebot bei der Persona hervorrufen; zu kostenintensiv, zu wenig Innovationscharakter?
- Kommunikation mit Anbietern, eher Face-to-Face oder recherchiert sie selbständig?
- Vergleicht sie Angebote im Internet? Wie könnte der letzte Kaufprozess abgelaufen sein?

DIE PERSONA DER ENDKUNDEN
von Beugger Gitarren Schweiz AG

Marc de Boer

- Männlich
- Alter: 35 Jahre
- Ledig, keine Kinder
- Wohnt in Eindhoven, Holland
- Studium an einer Musikakademie
- Ist Gitarrist (Teilzeit)

Herausforderungen

- Loyale Partner finden
- Bandmitglieder finden, Lokale und Auftraggebende finden, die ihn buchen
- Grosser Konkurrenzdruck von anderen Musikern
- Muss sich von anderen Musikern abheben, um erfolgreich zu sein

Persönliche und berufliche Ziele

- Sich als Musiker weiterentwickeln
- Seinen eigenen Stil entwickeln
- Die eigene Bekanntheit und die seiner Band steigern

Wie informiert er sich?

- Google-Suchmaschine
- Social Media
- Fachzeitschriften on- und offline
- Branchen-Beeinflusser/-innen (Influencer)
- Special-Interest-Newsletter

Vorlieben

- Liebt Musik, Konzerte
- Spielt am Wochenende mit Freunden und in einer kleinen Band
- Hat stets die neusten Gadgets
- Liebt gutes Design
- Geniesst alles Soziale (Freunde, Klubs, neue Ideen besprechen)

Themen und Interessen

Sucht Informationen zu folgenden Themen:
- Alles rund um E-Gitarren
- Rock- und Popmusik
- Produktdesign
- Technische und kreative Innovationen

Pain Points

- Hohe Investitionen in Equipment und Selbstmarketing
- Seine E-Gitarre bietet nicht den Sound, den er sucht.

125

sich darin wiedererkennen. Personas liefern Ihnen datenbasierte Zielgruppenprofile als wertvolle Grundlage für Ihr Content-Marketing.

Wie nutze ich das Tool?

1. Der erste Schritt gilt der Wahl der richtigen Persona. Fragen Sie sich, mit welcher Persona Sie das angestrebte Umsatzwachstum am schnellsten erzielen können. Oder bei welcher Persona Sie derzeit den höchsten Handlungsbedarf haben.
2. Führen Sie Interviews durch, am besten in einem Team mit Vertretern aus Marketing, Vertrieb und Customer Care. Vorschläge für Fragen finden Sie in der Vorlage auf Seite 124.
3. Nach Abschluss der Interviews besitzen Sie solide Daten zu Ihren Kundinnen und Kunden. Versuchen Sie, in diesen Daten Muster und Gemeinsamkeiten zu erkennen, und ordnen Sie die Daten in Themenfelder ein. Aufgrund der gewonnenen Erkenntnisse erstellen Sie Ihre Persona.

Beispiel | Persona

Die Beugger Gitarren Schweiz AG hat die Persona von Marc de Boer erstellt, damit sie sich ein besseres Bild von der wichtigen Zielgruppe «Endkunden» machen kann (siehe vorangehende Seite). Wer ist Marc de Boer? Welchen Herausforderungen will er sich stellen? Was bereitet ihm Sorgen (Pain Points)?

Tool 4: Priorisierungsmatrix

Der Aufbau von Reichweite ist ein aufwendiger, kostspieliger Weg. Sie müssen jeden Kanal – je nach seinen Stärken – unterschiedlich nutzen, um Ihre Ziele und Ihre Zielgruppe zu erreichen. Planen Sie über viele Medienkanäle und -formen hinweg. Es geht nicht darum, alle Bereiche abzudecken, sondern sich der Möglichkeiten bewusst zu werden und dann gezielt auszuwählen.

Wozu benutzt man eine Priorisierungsmatrix?

- Um die Content-Planung ganz auf die eigenen Ziele, das Budget und die Möglichkeiten abzustimmen
- Um Ziele besser eingrenzen und priorisieren zu können

Definieren Sie Ihre Ziele und Prioritäten, um die geeigneten Formate und Kanäle zu identifizieren.

Was bringt eine Priorisierungsmatrix?

Nicht jeder Inhalt führt direkt zu mehr Umsatz. Auch sollten Sie ein weiteres Ziel nicht vergessen: Sie wollen Ihre neuen Kundinnen und Kunden zu Stammkunden machen, vielleicht sogar zu Fans. Nutzen Sie die zur Verfügung stehenden Kanäle, um nach und nach das Vertrauen Ihrer Zielgruppe zu gewinnen. Setzen Sie Prioritäten – weil Sie nicht alles auf einmal angehen können. Diskutieren Sie im Team über Ziele, Budget, Ausgangslage und Möglichkeiten. Die Schlussfolgerungen aus dieser Matrix lassen bereits die Massnahmen erahnen.

Wie nutze ich das Tool?

1. Machen Sie sich als Erstes Ihre Absichten bewusst: Geht es um Markenbekanntheit, um Beziehungspflege und/oder wollen Sie für Ihren Content mehr Reichweite?
2. Auf welchen Kanälen sind Sie aktiv präsent? Deckt sich das mit den Vorlieben und Gepflogenheiten Ihrer Zielgruppe (siehe Personas, Seite 123)?
3. Je grösser die Nähe zu Ihren Kundinnen und Kunden, je umfangreicher die Begegnungen, umso aufwendiger und dauerhafter sind die Massnahmen. Setzen Sie sich ein Budget, um Ihre Ziele zu erreichen.

Beispiel | Priorisierungsmatrix

Die Priorisierungsmatrix hilft der Beugger Gitarren Schweiz AG, die für sie wichtigen Formate und Kanäle für vier Kundengruppen zu identifizieren, sinnvolle zukünftige Massnahmen zu definieren und die finanziellen Ressourcen zuzuordnen. Das Unternehmen hält fest:

- **Übergeordnetes Ziel:** Samuel Beugger will die Markenbekanntheit seiner Firma in Europa steigern und in einem stark umworbenen Markt seine E-Gitarre als High-End-Produkte platzieren.
- **Kanäle:** Die Präsenz deckt sich im Wesentlichen mit den Gepflogenheiten der Persona (siehe Eintragungen in der Matrix). Beim Zusammentragen der Informationen fällt auf, dass der Fachwelt und den sozialen Medien die grösste Bedeutung zukommt. Ausgerechnet auf YouTube hat Beugger (noch) kein Firmenprofil.
- **Chancen:** Videos sind das perfekte Format, um Sound und Hingabe einzufangen. Will Beugger überzeugen, muss er vermehrt mit Emotionen arbeiten und auf den sozialen Medien mit spannendem, attraktivem Content den Dialog suchen. Testimonials (Referenzen von Kundinnen und Kunden) etwa heben einen Aspekt des Produkts als persönliche Erfahrung hervor. So klingen die Geschichten nicht wie ein Verkaufsgespräch und helfen, Vertrauen und Markenbekanntheit aufzubauen.
- **Budget:** Beugger wird in aufwendige Inhalte (Insights, Videos und Testimonials) sowie in Werbung und die virale Verbreitung (Seeding) investieren. Er budgetiert dafür 40 000 Franken pro Jahr.

DIE PRIORISIERUNGSMATRIX

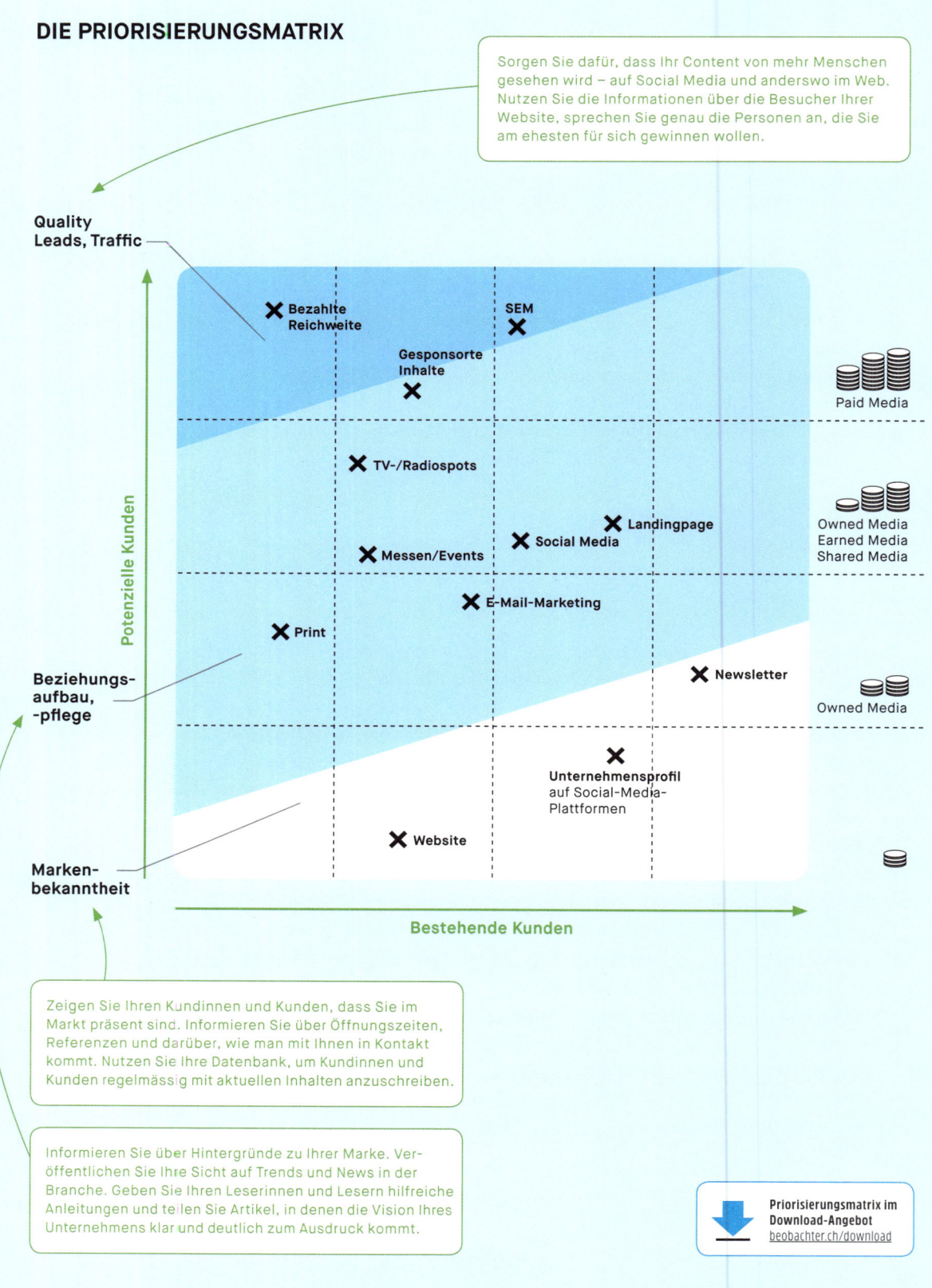

Sorgen Sie dafür, dass Ihr Content von mehr Menschen gesehen wird – auf Social Media und anderswo im Web. Nutzen Sie die Informationen über die Besucher Ihrer Website, sprechen Sie genau die Personen an, die Sie am ehesten für sich gewinnen wollen.

Quality Leads, Traffic

Potenzielle Kunden

Bezahlte Reichweite

SEM

Gesponsorte Inhalte

Paid Media

TV-/Radiospots

Landingpage

Social Media

Owned Media
Earned Media
Shared Media

Messen/Events

E-Mail-Marketing

Print

Beziehungs-aufbau, -pflege

Newsletter

Owned Media

Unternehmensprofil auf Social-Media-Plattformen

Website

Marken-bekanntheit

Bestehende Kunden

Zeigen Sie Ihren Kundinnen und Kunden, dass Sie im Markt präsent sind. Informieren Sie über Öffnungszeiten, Referenzen und darüber, wie man mit Ihnen in Kontakt kommt. Nutzen Sie Ihre Datenbank, um Kundinnen und Kunden regelmässig mit aktuellen Inhalten anzuschreiben.

Informieren Sie über Hintergründe zu Ihrer Marke. Veröffentlichen Sie Ihre Sicht auf Trends und News in der Branche. Geben Sie Ihren Leserinnen und Lesern hilfreiche Anleitungen und teilen Sie Artikel, in denen die Vision Ihres Unternehmens klar und deutlich zum Ausdruck kommt.

Priorisierungsmatrix im Download-Angebot
beobachter.ch/download

DIE PRIORISIERUNGSMATRIX
der Beugger Gitarren Schweiz AG

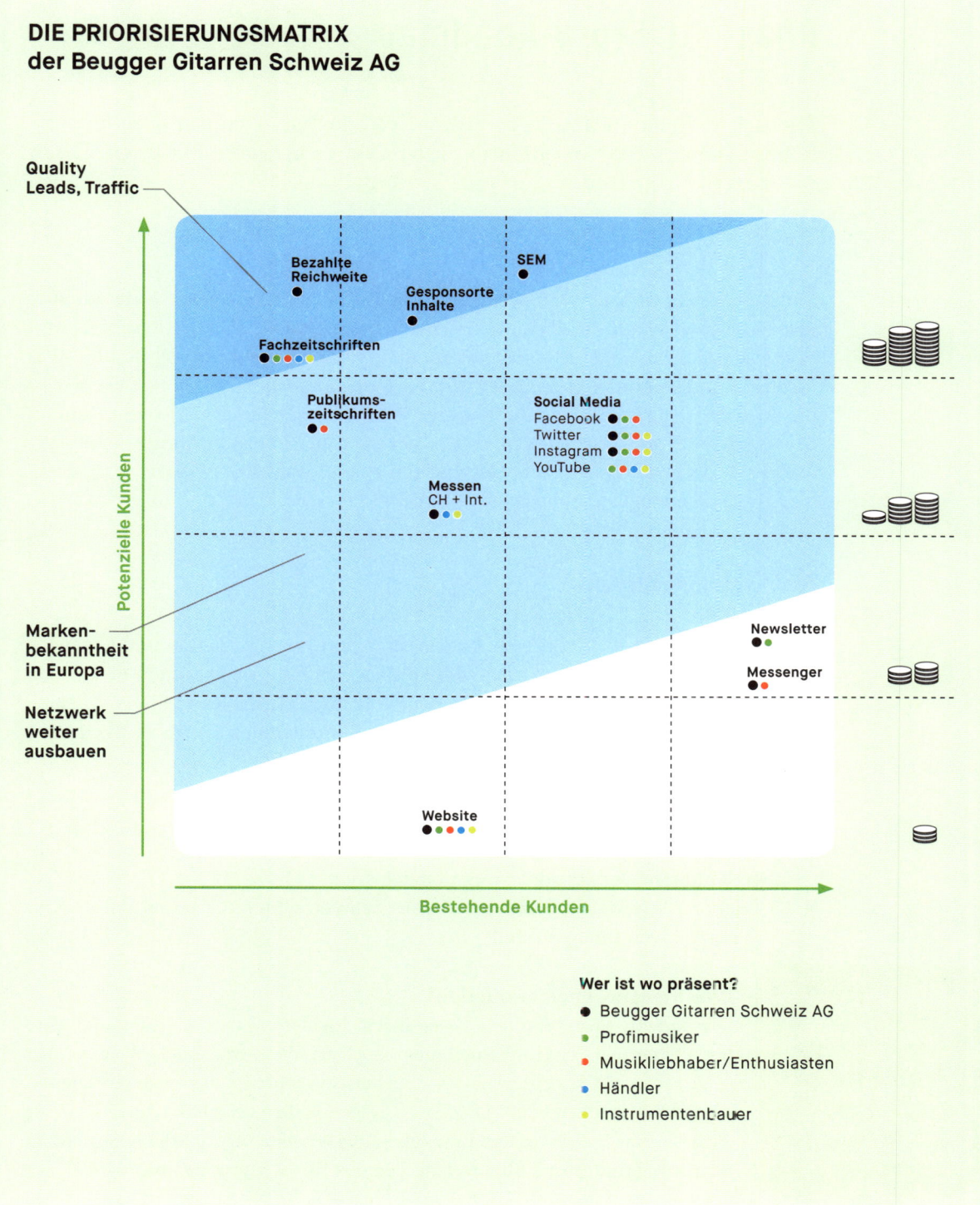

Quality Leads, Traffic

Potenzielle Kunden

Bezahlte Reichweite

SEM

Gesponsorte Inhalte

Fachzeitschriften

Publikums-zeitschriften

Social Media
Facebook
Twitter
Instagram
YouTube

Messen
CH + Int.

Marken-bekanntheit in Europa

Newsletter

Messenger

Netzwerk weiter ausbauen

Website

Bestehende Kunden

Wer ist wo präsent?
- Beugger Gitarren Schweiz AG
- Profimusiker
- Musikliebhaber/Enthusiasten
- Händler
- Instrumentenbauer

Phase III: Story-Roadmap

Die dritte Phase in der Storytelling-Kette befasst sich mit dem eigentlichen Thema: den Geschichten. Jetzt geht es also ans Erzählen. Doch wo starten? Wie findet man gute Geschichten?

Eine Geschichte ist am besten, wenn sie nicht aufdringlich ist. Wenn sie die Kundinnen und Kunden auf einer emotionalen Ebene anspricht, ihnen einen Mehrwert bringt. Geschichtenerzählen bedeutet am Ende nichts anderes als unterhalten. Was inspiriert und verbindet Menschen? Die vier journalistischen Fragen lauten: Was ist die Story? Warum erzählen wir sie jetzt? Wer ist das Publikum, also die Kundin, der Kunde? Auf welcher Plattform treffen wir die Kundinnen und Kunden an?

Zwei Tools helfen Ihnen, gute Geschichten zu finden und sie erfolgreich zu erzählen: die Themenquellen und das Storyboard.

Tool 5: Themenquellen

Literatur

35

Der Global Web Index Report zeigt auf, was Expertinnen, Experten und Leute aus der Praxis längst wissen: Unternehmen müssen sich mit interessanten, neuartigen und unterhaltenden Inhalten differenzieren. Vorrangig gilt es, die richtigen Themen zu finden: Mit welchen Inhalten kann sich ein Unternehmen abheben, Sympathie gewinnen und von Nutzen sein? Hier helfen Themenquellen.

Wozu benutzt man Themenquellen?
- Um herauszufiltern, welche relevanten Themen sich mit dem eigenen Unternehmen, der Marke, dem Produkt verknüpfen lassen
- Um zu erkennen, welche Themen im Unternehmen schlummern und für die Nutzenden von Interesse sind

Was bringen Themenquellen?
Die perfekte Story ergibt sich aus Ihrem Insiderwissen über die Geschichte Ihres Unternehmens und zunehmend auch aus dem, was in der Welt vor sich geht. Eine gute Ausgangslage für eine perfekte Story ist demnach ein Thema, worüber man reden kann. Das Tool Themenquellen verschafft Ihnen Klarheit darüber, was interessiert und was nicht. Sie wissen, welche Inhalte besondere Beachtung finden und über welche Themen Ihre Zielgruppe diskutiert.

> Identifizieren Sie die Themen, die für Ihre Zielgruppen und Personas wertvoll und relevant sind.

Interne Quellen

Technik	Tools
Fragen Sie Ihr Verkaufsteam, was die Kunden am meisten interessiert.	Gespräche, Fragebogen
Fragen Sie Ihr Support-Team, über welche Hindernisse Kunden am häufigsten stolpern.	Gespräche, Umfragen, Reklamationen
Verschicken Sie eine E-Mail – der schnellste Weg herauszufinden, was Kunden interessiert, ist, sie zu fragen.	E-Mail-Marketing-Tool: mailchimp.com
Brainstormen Sie in Fokusgruppen mit Ihren Mitarbeitenden über mögliche Themen.	Mindmaps online erstellen: mindmaster.com
Aus Fehlern lernen: Teilen Sie Erfahrungen mit Ihren Kundinnen und Kunden.	Häufig gestellte Fragen (FAQ) und Antworten dazu

Externe Quellen

Technik	Tools
Befragen Sie Branchenexperten.	Fragebogen, Onlineumfragen
Recherchieren Sie Themen und Hintergründe, die für Ihre Zielgruppe relevant sind.	Trends: trends.google.com
Fragen Sie Keywordplaner, was im Zusammenhang mit Ihrem Produkt, Ihrer Dienstleistung sonst noch gesucht wird.	keywordseverywhere.com keywordtool.io moz.com/explorer
Abonnieren Sie den Newsletter der Konkurrenz.	Liste der Konkurrenten
Orientieren Sie sich an beliebten Blog-Beiträgen und lesen Sie auch die Kommentare.	Übersicht über Nachrichten und Blogposts: feedly.com
Informieren Sie sich, welche Beiträge zum Thema Ihre Zielgruppe am meisten interessieren.	buzzsumo.com moz.com/explorer

Wie nutze ich das Tool?

1. Es gibt jede Menge Tools und Techniken, die Ihnen das Suchen erleichtern. Sprechen Sie mit Ihren Mitarbeitenden, egal ob Geschäftsleitung oder Putzteam, ob am Empfang oder im Aussendienst.

2. Recherchieren Sie auch ausserhalb der vier Unternehmenswände, bei externen Quellen.

3. Gleichen Sie die Ergebnisse aus den internen und externen Quellen miteinander ab. Gibt es Übereinstimmungen? Erstellen Sie eine Rangliste mit den wichtigsten Themen.

Um die Themen zu identifizieren, lohnt sich eine Unterscheidung in interne und externe Quellen. Eine einfache Tabelle hilft Ihnen, diese zu erstellen (siehe Seite 131).

Beispiel | Themenquellen

Die Beugger Gitarren Schweiz AG hat verschiedene interne und externe Themenquellen ausgeschöpft und stellt die Erkenntnisse in einer Grafik zusammen.
Das erleichtert es, die für ihre Kundengruppen wichtigen Inhalte zu identifizieren.

DIE THEMENQUELLEN
von Beugger Gitarren Schweiz AG

Siehe Tabelle
Interne Quellen

Externe Quellen

In Zusammenhang mit Elektrogitarren/E-Gitarren wird vorwiegend nach folgenden Themen gesucht (Suchwortanalyse):

- best e guitars 2018
- e gitarren marken top 10
- elektrogitarren technik und sound
- electric guitar sound effect
- electric guitar sound comparison
- e gitarren typen und ihre variationen
- e gitarren online kaufen

Siehe Tabelle
Externe Quellen

Interne Quellen

- Die Auswertung der Chat-Nachrichten auf der Website dokumentiert das grosse Interesse an Design und Funktionalität: «Wie spielt sich die Gitarre, wie fühlt sie sich an, wie klingt sie?»
- Auch das Image ist ein grosses Thema: «Welche bekannten Rockstars zählen zu den Kundinnen und Kunden?»
- Bei konkreten Anfragen steht die Lieferfrist und weniger der Preis im Fokus.

Die Auswertung zeigt:

Prestige, Ausstattungsmerkmale und Qualität sind im Markt offenbar wichtige Kriterien. Beugger Gitarren Schweiz AG hat gute Chancen, in diesem seit Jahren festgefahrenen Markt und bei der immer gleichen Bauart der Instrumente nun als innovativer Marktplayer wahrgenommen zu werden. Die Themenschwerpunkte des Unternehmens liegen demnach bei der revolutionären Konstruktion und dem einzigartigen Klangbild.

Tool 6: Storyboard

Viele Geschichten für das Storytelling schlummern bereits irgendwo. Das Problem ist weniger, diese Geschichten zu finden; es gilt vielmehr, die vielen unterschiedlichen Storys zu einem Gerüst zu verbinden und den entsprechenden Zielen unterzuordnen. Nutzen Sie die erzählerischen Möglichkeiten, um ein breites Publikum zu erreichen.

Das Storyboard ist das zentrale Element in Ihrer Story-Planung. Entsprechend umfangreich sind die folgenden Erklärungen dazu. Die Arbeit mit dem Storyboard lässt sich in neun Teilaspekte gliedern, die Sie Schritt für Schritt in der eigenen Umsetzung unterstützen.

In neun Schritten kommen Sie zu Ihrem Storyboard.

Wozu benutzt man ein Storyboard?
- Um die Kunst des Geschichtenerzählens mittels einer Anleitung zu lernen.
- Um eine Botschaft zu formulieren und daraus eine Handlungsaufforderung abzuleiten.

Was bringt ein Storyboard?
Geschichtenschreiben fliesst schneller in die praktische Arbeit, wenn es auf konkreten Anleitungen beruht. Zudem bewahrt ein Storyboard Sie davor, aus Stress oder Ungeübtheit wichtige Kapitel auszulassen. Mit einem Storyboard haben Sie von Anfang an eine klare Idee davon, was Ihre Geschichte letztlich aussagen soll und wie Sie den Kern der Geschichte nach aussen tragen.

Wie nutze ich das Tool?
1. Befassen Sie sich zuerst mit den vier Kernelementen einer Geschichte: Botschaft, Darsteller, Konflikt und Plot. Eine Geschichte zeigt einen Konflikt, ein Problem, führt einen Gegenspieler ein: Sie hat ein Drama! Letztlich folgt jede gute Geschichte einem bestimmten Muster (Teilaspekte 1 bis 5, ab Seite 135).
2. Konzentrieren Sie sich im zweiten Schritt auf die erzählerischen Möglichkeiten. Je nach Figuren, Schauplatz und Ereignissen lassen sich Texte mit Bildern. Videos, Illustrationen kombinieren (Teilaspekt 6, siehe Seite 141).
3. Nutzen Sie die Erkenntnisse aus Phase I und II (Perspektive und Chance) und verhelfen Sie Ihrer Geschichte zu mehr Reichweite, indem Sie die Story crossmedial aufbereiten (Teilaspekte 7 bis 9, ab Seite 141).

ÜBERSICHT ÜBER DAS STORYBOARD

Geschichten erzählen

1 Story-Art
Legen Sie zu Beginn fest, welche Art Story Sie genau suchen. Dabei ist es sinnvoll, sich auf folgende zwei Richtungen zu konzentrieren. Der eine Weg führt ins Innere des Unternehmens, zu den Corporate-Identity-Storys. Der zweite Weg führt hinaus in die Öffentlichkeit.

2 Botschaft
Überlegen Sie sich in einem zweiten Schritt, welche Botschaft beim Publikum hängen bleiben soll. Wofür stehen Sie? Was ist Ihre Mission? Flechten Sie Ihre Botschaft in ein für Ihre Zielgruppe relevantes oder aktuelles Thema ein.

3 Charaktere
Definieren Sie die Hauptfigur und die Archetypen. Aus welchem Blickwinkel wollen Sie Ihre Geschichte erzählen? Beschreiben Sie die Figuren so konkret wie möglich, damit sich jeder und jede mit ihnen identifizieren kann.

4 Konflikt
Wer sich auf das Abenteuer des Geschichtenerzählens einlassen will, muss bereit sein, Konflikte zu zeigen und Probleme anzusprechen. Suchen Sie sich eine Zeit der Veränderung, denn davon handeln alle Geschichten.

5 Plots
Der fünfte Teil dient als inspirierende Grundlage der Handlungsaufforderung. Verknüpfen Sie Ihre Heldenreise mit den Werten Ihres Unternehmens. Wir erwarten, dass die Ereignisse auf die Hauptfigur (respektive auf Ihre Zielgruppe) eine Wirkung haben.

6 Multimediales Erzählen
Befassen Sie sich im sechsten Teil mit den erzählerischen Möglichkeiten. Für jedes Element einer multimedial erzählten Geschichte gibt es ein Format, das am besten passt.

Erkenntnisse aus Perspektive & Chancen (Phase 1 & 2)

Setzen Sie die Persona ein, um Ihr Storyboard zu vervollständigen und um zu prüfen, ob Sie die richtige Story-Strategie entwickelt haben.

7 Zielpersonen
Geschichten lassen sich wesentlich einfacher schreiben, wenn die funktionalen und emotionalen Bedürfnisse unserer Zielpersonen bekannt sind.

8 Touchpoints
Kommunizieren Sie mit Ihren Zielpersonen dort, wo sie sich aufhalten und nicht dort, wo Sie sie gerne hätten.

9 Reichweite
Verhelfen Sie Ihrer Geschichte zu Reichweite, indem Sie die Story crossmedial aufbereiten. Spielen Sie mit den Content-Formaten.

Storyboard Teil 1: Kernelemente der Story

Storytelling setzt immer eine bewusste Absicht voraus. Zufällig aneinandergereihte Erlebnisse ergeben noch keine Geschichte – erst der Konflikt, die Emotionen, der Held, seine Reise und seine Erfahrungen machen eine Abfolge von Ereignissen zur Geschichte.

Teilaspekt 1: Story-Art

Legen Sie zu Beginn fest, welche Art Story Sie genau suchen. Welche Perspektive passt am besten zu Ihren Themen? Konzentrieren Sie sich auf zwei Richtungen:

- Der eine Weg führt ins Innere des Unternehmens, zu den Corporate-Identity-Storys. Es geht um gelebte Werte, um Visionen und die Unternehmenskultur. Gründermythen zum Beispiel basieren auf der Historie eines Unternehmens. Sie halten auch den Geist des Gründers, der Gründerin hoch. Oder Sie erzählen, warum Sie am Markt sind und was Ihr Unternehmen, Ihre Marke einmalig macht.
- Der zweite Weg führt hinaus in die Öffentlichkeit. Hier findet man Erfolgsgeschichten, Kundenporträts und Anwenderbeispiele. Aber auch Geschichten, die die Marke, das Unternehmen mit einem relevanten Thema oder Trend in Verbindung bringen.

> **Definieren Sie Ihre Story-Art, damit wählen Sie die Perspektive, aus der Sie Ihre Geschichte erzählen.**

Teilaspekt 2: Botschaft

Überlegen Sie sich in einem zweiten Schritt, welche Botschaft beim Publikum hängen bleiben soll. Diese Aussage soll der Kern Ihrer Geschichte sein. Was inspiriert und verbindet Menschen? Nicht was sie machen. Nicht wie sie es machen. Menschen inspiriert, warum sie etwas machen. Hier einige Antworten auf ein starkes Warum:

> **Definieren Sie die Kernbotschaft Ihrer Geschichte.**

- «Wir wollen Mitglieder auf ihrem persönlichen Weg unterstützen und bieten die passende Heimat, in der alle zusammenkommen – egal, welchen Hintergrund sie haben.» (LinkedIn)
- «Wir streben danach, dass jeder seine individuelle Bestleistung erzielt.» (Adidas)
- «Wir wollen einen besseren Alltag für die Menschen schaffen.» (IKEA)
- «Im Herzen sind wir Dienstleister.» (Jost-Gruppe, Brugg)
- «Mit unserem Wissen über Kunststoff unterstützen wir innovative Unternehmen beim Entwickeln neuer Produkte.» (Amsler & Frey, Schinznach-Dorf, siehe auch Seite 91)
- «Wir schaffen Extraräume.» (SEMA – Die Fertiggarage, Oensingen)

36

Literatur

Welche Botschaft passt zu Ihrer Marke? Wenn Sie nun die Leitidee mit einem Ihrer Themen verknüpfen, haben Sie den Anfang Ihrer Story.

15 Heldentypen für Ihre Storys

Archetyp	Beschreibung	Befähigung des Helden	Ziel/Motivation
Pionier, Pionierin	Liebt das Unbekannte und sucht nach neuen Lösungen und Routen. Mutige neue Ideen lassen das Herz der Pionierin höher schlagen.	Unabhängig sein	Optimismus, Mut, Fortschritt, Kreativität
Rebell, Rebellin	Sucht kreative Lösungen, um den Status quo herauszufordern, eingefahrene Strukturen zu durchbrechen sowie Dominanz und Tyrannei zu bekämpfen.	Regeln brechen	Optimismus, Freiheit, Fortschritt, Ausdruck
Magier, Magierin	Findet Mittel und Wege, wo andere sagen, es sei nicht zu schaffen. Der Magier glaubt an die Macht der Vorstellungskraft, liebt es, andere zu überraschen, auch wenn er das Geheimnis seiner Magie manchmal lieber für sich behält.	Verwandlung	Optimismus, Spass, Vorstellungskraft
Narr, Närrin	Bricht mit der Macht des Humors die Fassade des eigenen Charakters oder des Systems auf. Der Narr mag lustig wirken, deckt jedoch auf kluge, überraschende Art Schwächen auf.	Verspieltheit	Neugier, Spass, Ehrlichkeit
Kapitän, Kapitänin	Bringt als Anführer mit starker Hand Helden hervor, gibt ihnen Vertrauen und Zuversicht und hat eine klare Vision.	Kontrolle/ Führung	Zuversicht, Vision, Mut
Verteidiger, Verteidigerin	Setzt sich für Dinge und Menschen ein, die besonders schätzenswert und schön, jedoch auch sehr verletzlich sind und sich nicht selbst verteidigen können. Der Verteidiger prescht nicht vor, sondern bewahrt das, was ihm heilig ist.	Tradition bewahren	Sicherheit, Gerechtigkeit, Planung
Muse	Lockt die Heldin mit Schönheit, Kreativität und Liebe aus der Routine und gibt ihr Inspiration.	Schönheit finden	Neugier, Freiheit, Bescheidenheit, Ausdruck
Professor, Professorin	Sucht in der Tiefe nach weiterem Wissen. Der Professor verlässt sich nicht auf zufällige Entdeckungen, sondern auf harte Fakten und Forschung, deren Ergebnisse er gerne teilt.	Neues Wissen finden	Neugier, Ehrlichkeit, Grosszügigkeit, Integrität
Alchemist, Alchemistin	Glaubt an die Wissenschaft. Der Alchemist setzt die Naturgesetze und die Bausteine der Natur ein, um Neues zu schaffen.	Neues Wissen anwenden	Neugier, Fortschritt, Vision
Friedenswächter, Friedenswächterin	Ist der Ruhepol gegen Gewalt und Chaos. Der Friedenswächter verpflichtet sich mit Leidenschaft der Diplomatie und Empathie und geht mit gutem Beispiel voran.	Sich für Gerechtigkeit einsetzen	Mitgefühl, Respekt, Mut, Selbstlosigkeit
Orakel	Glaubt an universelle Wahrheiten und leitet den Helden, die Heldin mit kompromisslosen Prinzipien, die es aus seiner Weisheit zieht.	Orientierung haben	Zuversicht, Tradition, Gerechtigkeit
Zeuge, Zeugin	Bringt Licht ins Dunkel und entlarvt das, was meist im Schatten operiert. Mit genauem Blick deckt der Zeuge Ungerechtigkeiten auf und agiert als Gewissen für die Gesellschaft.	Ungerechtigkeit aufdecken	Sicherheit, Gerechtigkeit, Liebe
Detektiv, Detektivin	Sammelt als Aussenstehender Informationen und Beweise, wenn Unstimmigkeiten und Mysteriöses auftreten, die niemand erklären kann. Der Detektiv glaubt an die Macht der Fakten, die er kreativ zu kombinieren weiss.	Rätsel lösen	Neugier, Präzision, Gerechtigkeit, Planung
Architekt, Architektin	Sucht rationale Lösungen für komplexe Probleme. Der Architekt liebt Modelle und Systeme, mit deren Hilfe er Ordnung ins Chaos bringen und Pläne für die Zukunft erstellen kann.	Etwas Neues schaffen	Kompetenz, Effizienz, Ehrlichkeit, Kreativität
Helfer, Helferin	Fühlt sich verpflichtet, anderen zu helfen, ihren Schmerz zu stillen, und gibt anderen Rückendeckung.	Für andere sorgen	Gesundheit, Liebe, Wohlstand, Planung

Teilaspekt 3: Charaktere (Hauptfigur)

Nun definieren Sie die Charaktere bzw. die Hauptfigur. Aus welchem Blickwinkel wollen Sie Ihre Geschichte erzählen? Beschreiben Sie die Heldin, den Helden so konkret wie möglich, damit man sich mit der Figur identifizieren kann.

Unternehmen begleiten die Helden ihrer Storys. Sie überzeugen oder motivieren sie, vermitteln ihnen Wissen oder geben ihnen einen hilfreichen Gegenstand mit auf die Reise. Es gibt verschiedene (Neben-)Rollen, in die ein Unternehmen schlüpfen kann. In der Tiefenpsychologie hat Carl Gustav Jung Archetypen eingeführt, die in Träumen, in Religionen, Märchen und in der Astrologie immer wieder vorkommen. Sie bilden die Urformen der Erfahrungen, des Handelns und der Rollen, die die Menschen seit jeher ausmachen. Im Kasten auf der nächsten Seite finden Sie Beispiele für ganz unterschiedlich ausgearbeitete Archetypen, die auf der Arbeit von Jung basieren, zusammengefasst von Miriam Rupp.

Definieren Sie die Charaktere – die Figuren in Ihrer Geschichte.

37
Literatur

38
Literatur

Teilaspekt 4: Konflikt und Auflösung

Im vierten Teil des Storyboards geht es um den Konflikt. Wer sich auf das Abenteuer des Geschichtenerzählens einlassen will, muss bereit sein, Konflikte zu zeigen und Probleme anzusprechen. Wählen Sie eine Zeit der Veränderung, denn davon handeln alle Geschichten. Präsentieren Sie kein Ende «aus heiterem Himmel», sondern entwickeln Sie es aus der Geschichte heraus. Vermeiden Sie Lösungen, bei denen die Figuren zufällig zur richtigen Zeit am richtigen Ort sind.

Jede gute Geschichte hat nebst einem stimmigen Ende einen Anfang und eine Mitte, eine aufsteigende und absteigende Handlung. Filmplots folgen dieser klassischen Erzählstruktur. Daneben gibt es aber noch weitere spielerische Annäherungen an Geschichten. Die folgenden Storytelling-Formeln eignen sich für alle Arten von Inhalten, sei es für Social-Media-Posts, Ihre Website, E-Mail-Kampagnen oder für Unternehmens- und Kundengeschichten.

39
Literatur

- **Formel 1: Dreiaktmodell von Aristoteles**
  - Exposition: Legen Sie die Szenen fest und führen Sie die Charaktere ein.
  - Konfrontation, «aufsteigende Handlung»: Präsentieren Sie ein Problem und bauen Sie Spannung auf.
  - Auflösung: Beheben Sie das Problem.

Das Dreiaktmodell von Aristoteles gehört zu den Klassikern, es ist eine der ältesten und geradlinigsten Erzählformeln. Der erste Akt stellt die Hauptfigur in ihrer Umgebung vor. Im zweiten Akt wird die Figur mit einem Konflikt konfrontiert. Der dritte Akt enthält den Höhepunkt, die unerwartete Wendung und das «Wiedererkennen» – gemeint ist der Punkt, an dem sich die Beziehung zwischen den Hauptfiguren infolge der Wendung ändert. Der Konflikt löst sich auf.

Definieren Sie, nach welcher Formel Sie Ihre Geschichte erzählen werden.

Sieben Plots für Ihre Storys

Plot	Handlung
Das Monster überwinden	«Das Monster überwinden» ist einer der zentralsten Plots im Storytelling. Der Held wird mit einem Übel konfrontiert, das grösser ist als er selbst. Er hat die Aufgabe, Ordnung und Frieden wiederherzustellen. Das Monster kann äusserlich sein: ein Gegenstand, ein Ort oder ein anderer Mensch, ein Feind oder ein Rivale. Oder es liegt im Charakter des Helden, der Zweifel, Ängste oder eine Schwäche überwinden muss.
Die Suche	Die Suche ist ein weiterer uralter Handlungsstrang und besteht aus der bekannten Struktur der Pyramide (siehe Seite 140). Der Handlungsaufruf ist eine Bitte, ein grosses Problem zu lösen, normalerweise während einer langen und gefährlichen Reise. Er widerspiegelt das menschliche Bedürfnis, sich weiterzuentwickeln und sich neue Ziele zu stecken, die Sinn im Leben geben. Hier geht es um Abenteuer, die uns weiterbringen.
Reise und Rückkehr	Diese Art Geschichte bringt den Helden in eine unbekannte Welt. Er ist ein Entdecker, der noch nicht weiss, was vor ihm liegt. Der Weg ist das Ziel. Wenn Sie diesen Plot wählen, dreht sich Ihre Geschichte um Transformation, um das Lernen von Lektionen und das Überwinden von Hindernissen. Der Held kehrt mit nichts als sich selbst und mehr Weisheit zurück.
Vom Tellerwäscher zum Millionär	Diese Handlung erzählt von einer Heldin, die trotz aller Widrigkeiten, ihr volles Potenzial erkennt und realisiert. Im Vergleich zu allen anderen Plots geht es hier vor allem um die Entwicklung der Heldin – um den Prozess vom Aufblühen bis zur wahren Macht.
Komödie	Komödien sind meist Geschichten über verworrene Beziehungen und Klarheit. Das Ziel der Protagonisten ist es, Verwirrung und Missverständnisse – von denen es häufig mehrere gibt – aufzuklären. Komödien leben von Überraschungen und Unerwartetem – die Basis für guten Humor.
Tragödie	«Tun Sie dies, und es wird Ihnen leid tun.» Tragödien zeigen die Auswirkungen unserer Schwächen. Im Fokus steht der Konflikt zwischen Gewissen und Verlangen. Kennzeichnend für die Tragödie ist der unumgängliche Konflikt der Hauptfigur. Ihre Situation verschlechtert sich ab dem Punkt, an dem die Katastrophe eintritt.
Wiedergeburt	Der Plot der Wiedergeburt zeigt Szenarien, in denen die Heldin unnötigen Ballast aus der Vergangenheit abwirft und von Neuem beginnt. Es sind Geschichten über Neuerfindungen und Erneuerungsprozesse. Die Geschichte beginnt meist mit einer tragischen Situation und blüht dann zu einem Happy End auf. Sie symbolisiert Hoffnung und die immer vorhandene Möglichkeit, uns selbst zu verwirklichen.

Handlungsaufforderung «Ruf zum Abenteuer»

Dieser Plot ist besonders interessant für Unternehmen, die bereits erfolgreich sind. Er zeigt die bescheidenen Anfänge, die Hürden und Rückschläge, die schliesslich zum Erfolg geführt haben.

Zeigen Sie Ihren Kundinnen und Kunden, wie der Held Chancen zu seinen Gunsten nutzen kann.

Mit diesem Plot definieren Unternehmen ihre Geschichte durch ein weit entferntes, schwierig zu erreichendes Ziel. Sie verdeutlichen damit, dass sie vom Wunsch nach Fortschritt und Perfektion angetrieben sind.

Ihr Handlungsaufruf soll der Heldin helfen, ihre Situation unterhaltsamer und/oder sicherer, einfacher zu machen.

In der Unternehmensführung kann dieser Plot auch für die Mitarbeitendenförderung und -weiterbildung eingesetzt werden.

Unterstützen Sie Ihren Helden dabei, für einen begrenzten Zeitraum an einen neuen Ort zu kommen, um neue Inspiration, Erfahrungen und Perspektiven zu gewinnen.

Dieser Plot ist für Markengeschichten eher langweilig. Umso wichtiger ist es, dass Unternehmen, die diesen Plot wählen, ehrlich und transparent mit früheren Schwächen und Fehlern umgehen. Nur so entsteht eine Dramaturgie.

Als Mentoren können Unternehmen ihre Zielgruppe dazu inspirieren, aus eigenen Kräften über sich hinauszuwachsen.

Für Unternehmen bietet die Komödie unglaubliches Potenzial, da Humor die sozialen Kanäle bestimmt.

Bringen Sie Ihren Helden durch Überraschung, Verwirrung und die passende Auflösung zu einer neuen Erkenntnis.

Für Unternehmen ist es beim Tragödien-Plot wichtig, dass sie in der Geschichte ihre eigenen Fehlentscheidungen bzw. die entsprechenden Einflüsse von aussen rechtzeitig erkennen, den Untergang abwenden und als geläuterter Held wieder emporkommen.

Am sinnvollsten ist der Tragödien-Plot in Szenarien, bei denen Leben, Gesundheit und Familie ernsthaft auf dem Spiel stehen, also etwa in Aufklärungskampagnen gegen Rauchen oder Alkohol am Steuer.

Der Plot der Wiedergeburt ist einer der spannendsten für Unternehmen. Denn immer mehr Marken sind aufgrund der immer schneller werdenden Innovationszyklen genötigt, sich ständig neu zu erfinden.

Formulieren Sie Ihre Handlungsaufforderung so, dass die Heldin etwas Neues aus dem Alten oder Veralteten erschaffen kann. Helfen Sie ihr, Ängste vor Veränderungen abzubauen.

■ **Formel 2: Pyramide von Gustav Freytag (Fünf-Akt-Struktur)**
- Exposition: Beschreiben Sie die Ausgangslage.
- Aufsteigende Handlung: Verschärfen Sie die Situation.
- Klimax: Lassen Sie die Situation eskalieren. Die Handlung wendet sich.
- Abfallende Handlung: Entschleunigen Sie die Situation.
- Auflösung: Lösen Sie den dramatischen Konflikt auf.

Der deutsche Schriftsteller Gustav Freytag erweiterte das Dreiaktmodell von Aristoteles auf fünf Schritte. Auch dieser Klassiker stellt den Weg von der Exposition der Handlung bis zur Auflösung dar: Anfang, Mitte, Ende, nur etwas detaillierter beschrieben (siehe auch Seite 54).

■ **Formel 3: Dale Carnegies magische Formel**
- Vorfall: Teilen Sie eine relevante, persönliche Erfahrung.
- Aktion: Was sind die Massnahmen, die zur Lösung oder zur Vorbeugung des Problems beitragen können?
- Nutzen: Nennen Sie die Vorteile, die sich aus den Massnahmen ergeben haben.

Hier steht das persönliche Krisenmanagement im Vordergrund: vom Dilemma über den Entschluss, die Situation zu ändern, bis hin zum Vorteil der gefundenen Lösung. Eröffnen Sie Ihre Geschichte mit einer persönlichen Erfahrung, um die Aufmerksamkeit Ihres Publikums zu wecken. Beschreiben Sie die einzelnen Schritte, die Sie durchlebt haben. Und zeigen Sie, warum eine Veränderung der Situation dringend notwendig war. Fassen Sie die Geschichte zusammen, indem Sie die Krise als Chance darstellen.

■ **Formel 4: Preisgekrönte Formel von Pixar**

Fragt man die Kreativen bei Pixar, die zu den erfolgreichsten Storytellern weltweit zählen, wo die guten Geschichten herkommen, dann bekommt man eine ganz einfache Antwort: Sie haben eine Formel, genannt «Story Spine»:
- Es war einmal .... Jeden Tag .... Aber eines Tages .... Und so .... Und dann .... Bis schlussendlich .... Und seit diesem Tag ....

So einfach kann eine Geschichte sein. Es macht Spass, in diesem Schema zu erzählen. Das Story Spine (Spine = Rückgrat) lässt sich beliebig anwenden, auch für Unternehmenspräsentationen.

Teilaspekt 5: Plots

Der fünfte Teilaspekt des Storyboards dient als inspirierende Grundlage der Handlungsaufforderung. Verknüpfen Sie Ihre Heldenreise mit dem Charakter und den Werten Ihres Unternehmens. Wir erwarten, dass die Ereignisse auf die Hauptfigur eine Wirkung haben. Der Held findet vielleicht heraus, dass er eine starke Partnerin – Ihr Unternehmen – suchen muss, wenn er mit seinem Start-up Erfolg haben will. Konzentrieren Sie sich auf einen der sieben Story-Plots auf der vorangehenden Doppelseite.

40
Literatur

Storyboard Teil 2: erzählerische Möglichkeiten

Verschiedene Menschen erleben ein- und denselben Inhalt auf unterschiedliche Weise. Sie ziehen daraus auch jeweils andere Erkenntnisse. Ist die Geschichte gut geplant und virtuos erzählt, gewinnen beide Seiten: Erzähler und Nutzende. Die Nutzenden sind mit neuen Einsichten bereichert und der Erzähler mit einer gefestigten Beziehung zu seinen Rezipienten.

Teilaspekt 6: Multimediales Erzählen

Befassen Sie sich im sechsten Teil Ihres Storyboards mit den erzählerischen Möglichkeiten. Für jedes Element einer multimedial erzählten Geschichte gibt es ein Format, das am besten passt. Je nach Figuren, Schauplatz und Ereignissen lassen sich Geschichten mit Bildern, Videos, Illustrationen oder Bewegtbildern kombinieren. Erzählen Sie über unterschiedliche Kanäle und Plattformen hinweg. Wählen Sie Formate, die zu Ihrer Medienmarke passen und für Ihre Kundinnen und Kunden einfach zu handhaben sind.

QR **32**

Bestimmen Sie die passenden Formate für Ihre Geschichte.

Die Abbildung auf der nächsten Seite zeigt Ihnen eine Möglichkeit, wie Sie den für Ihre Bedürfnisse besten Ansatz eruieren. Es handelt sich um einen Ausschnitt aus dem «Multimedia-Storytelling-Tool» der Schweizer Journalistenschule MAZ. Mit dem QR-Code kommen Sie direkt zum vollständigen Tool und können damit arbeiten.

Storyboard Teil 3: Verbreitung der Story

Ob Sie nun auf Ihrer Website Geschichten publizieren oder Videos auf YouTube posten – die Prinzipien des Storytellings gelten für alle Medien. Wobei natürlich plattformspezifische Formen und Gegebenheiten ebenso zu berücksichtigen sind wie die unterschiedlichen Bedürfnisse der Zielgruppen.

Teilaspekt 7: Zielpersonen

Geschichten lassen sich wesentlich einfacher schreiben, wenn die Empfängerinnen und Empfänger der Botschaft bekannt sind.

Beispiel | Zielpersonen

Die Persona für Beugger Gitarren heisst Marc de Boer und repräsentiert junge, urbane Musiker und Musikerinnen auf der Suche nach der perfekten E-Gitarre und der Verwirklichung ihrer Träume (siehe Seite 125). Marc de Boer interessiert sich für Rock- und Popmusik, Produktdesign sowie technische und kreative Innovationen.

Nutzen Sie die Persona, um Ihre Geschichte zu überprüfen und zu vervollständigen.

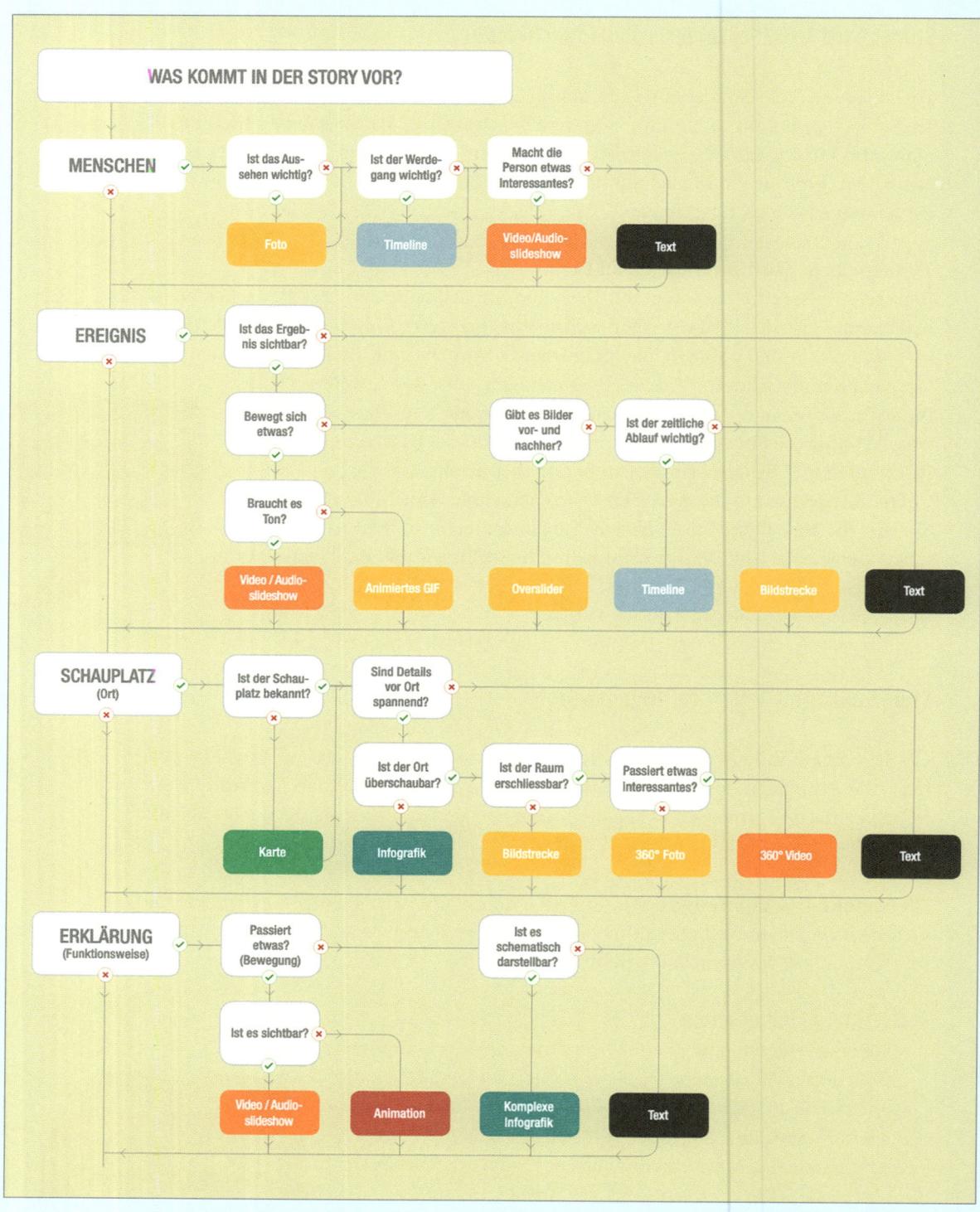

Setzen Sie die Personas ein, um Ihr Storyboard zu vervollständigen und zu prüfen, ob Sie die richtige Strategie entwickelt haben. Werden die Themen, die für Sie relevant sind, abgedeckt?

Teilaspekt 8: Touchpoints

Wo treffen Sie Ihre Kundinnen und Kunden an? Welche Plattformen nutzen sie am häufigsten? Und was steht Ihnen an Medientypen – paid, owned, earned, shared (siehe Seite 105) – zur Verfügung?

> **Beispiel | Touchpoints**
>
> Entscheidungen trifft Marc de Boer meist nach intensiven On inerecherchen. Rein mit einseitigen und werberischen Website-Plattitüden wird Beugger Gitarren ihn nur schlecht überzeugen.

Teilaspekt 9: Reichweite

Wer auf einer Plattform mit guten Geschichten und einer klugen Strategie heraussticht, beherrscht dies auch auf anderen. Lassen Sie Ihrer Fantasie freien Lauf, verknüpfen Sie Ihre Geschichten sinnvoll über alle Kanäle hinweg, und verweisen Sie auf das jeweils weiterführende Angebot oder auf Ihre Website.

> **Beispiel | Reichweite**
>
> Als Kreativmensch und Künstler sprechen Marc de Boer visuelle Komponenten an. Die Firma Beugger Gitarren erreicht ihn besonders gut, wenn sie technische Informationen emotional verpackt, Neuerungen herausstellt und damit seine Neugierde weckt. Entscheidend ist, dass die Firma alle Kommunikationsmöglichkeiten miteinbezieht, die ihr zur Verfügung stehen.

Das vollständige Storyboard

Die Storyline zieht sich wie ein roter Faden durch alle Phasen einer Geschichte. Sie fokussiert und strukturiert.

> **Beispiel | Vollständiges Storyboard**
>
> Das komplette Storyboard gibt der Beugger Gitarren Schweiz AG einen Überblick über die Botschaften, Charaktere, Plots und den besten Kommunikationsansatz. Auf dieser Basis kann das Unternehmen nun unterschiedliche Storys kreieren – zum Beispiel «Le ton qui fait la musique» über Paul, der sich auf den ersten Ton in Jessy, seine Gitarre, verliebt hat.

> **Definieren Sie, über welchen Kommunikationsansatz und über welche Plattformen Sie Ihre Zielgruppe mit Ihrer Geschichte erreichen.**

QR
33

143

DAS STORYBOARD der Beugger Gitarren Schweiz AG

1 Story-Art: Produktgeschichte

Unsere Geschichte soll von den Kunden-bedürfnissen ausgehen und die E-Gitarre in ihrer Anwendung zeigen. Im Mittelpunkt stehen Musikliebhaber, Enthusiasten und Profimusiker. Die Geschichte soll emotional berühren, die Marken-bekanntheit steigern und davon erzählen, was das Produkt einmalig macht.

2 Botschaft

Unsere E-Gitarre basiert auf einer völlig neuen Bauweise, die dem Ton eine einzigartige Resonanz verleiht.

3 Charaktere

Paul ist der Protagonist in dieser Geschichte. Er hat sich trotz negativer Einflüsse nie von seinem Ziel abbringen lassen und sich über die Jahre hinweg zu einem erfolgreichen Musiker entwickelt. Wir positio-nieren uns als Partner und Ermöglicher (Enabler), der Paul hilft, Grossartiges zu leisten.

Geschichten erzählen

4 Konflikt

Der Spannungsbogen geht von Pauls Anfängen als durchschnittlicher Amateur mit wenig Chancen auf Erfolg bis zum begeisterten Profimusiker.

6 Multimediales Erzählen

- **Bilder:** Der Leser, die Leserin will wissen, wie die E-Gitarre aussieht und was sie so wertvoll und einzigartig macht. Es sind also detaillierte Erklärbilder und Nahaufnahmen gefragt.
- **Videos:** Töne lassen sich nun mal nicht bildlich einfangen. Die Story braucht zwingend Sound (Auszüge, Beispiele) und Videoaufnahmen, die das einzigartige Klangbild wiedergeben.
- **Texte:** Vorwiegend produktzentrierte Geschich-ten. Wie wird die E-Gitarre hergestellt? Was gilt es zu beachten? Wie wird die Qualität gesichert? Was bietet die E-Gitarre für einen Mehrwert?

5 Plot: die Suche

Der Handlungsaufruf widerspiegelt das mensch-liche Bedürfnis, sich beruflich oder privat wei-terzuentwickeln. Mit der Geschichte sprechen wir den Traum an, von der eigenen Musik leben zu können und damit Erfolg zu haben.

7 Zielpersonen

Unsere Persona heisst Marc de Boer. Er lebt seine Leidenschaft für ehrliche, direkte Musik. Marc will sich weiterentwickeln, sodass er von seiner Arbeit als Musiker gut leben kann. Die Konkurrenz ist gross und das Geschäft hart. Um seine Virtuo-sität zu beweisen, sucht er einen eigenen Sound, andere Klangvariationen und deshalb eine neue E-Gitarre.

Erkenntnisse aus Perspektive & Chancen (Phase 1 & 2)

8 Touchpoints

Qualität und Design sind Marc wichtig; er macht sich gerne ein differenziertes Bild von möglichen Modellen und sucht Informationen, Insights und Kundenstimmen auf mehreren Kanälen. Wollen wir von ihm wahrgenommen werden, tun wir gut daran, möglichst alle Medientypen (paid, owned, earned, shared) zu berücksichtigen.

9 Reichweite

Warum nicht gleich das Gitarrenspiel filmen und mit Tonspur als Video auf Facebook oder YouTube zur Verfügung stellen? Warum nicht nach einem Inter-view die wichtigsten Vorzüge zusammenfassen und als Listicle (Artikel in Aufzählungsform) auf einem Themenblock in LinkedIn posten? Die Möglichkei-ten sind vielfältig. Aber sie setzen Engagement und (zeitliche) Investitionen voraus.

Phase IV: Umsetzung

Die vorletzte Phase des Storytellings steht ganz im Zeichen Ihrer Medienstrategie: Es geht um Reichweite und crossmediales Erzählen. Diskutieren Sie ausführlich, welche Medien und Kanäle Ihnen zur Verfügung stehen, und bestimmen Sie, welche Sie einsetzen wollen. Berücksichtigen Sie Ihre eigenen Medien wie Newsletter oder Website sowie die bevorzugten Medien Ihrer Personas.

Wie bei jeder Marketingstrategie sind Sie gut beraten, die konkreten Ziele und Kennzahlen zu definieren, die Sie mit der Verbreitung Ihres Contents erreichen möchten. Nur so können Sie die effektive Wirkung Ihrer Storys messen. Ohne messbare Daten kann Ihnen das digitale Marketing die Vorteile gegenüber dem traditionellen Marketing nicht liefern.

Aber lassen Sie sich nicht täuschen: Der Aufbau von Kundenbindung und Reichweite ist ein langwieriges, kostspieliges Unterfangen. Auf schnelle Ergebnisse zu hoffen, wäre fehl am Platz. Investieren Sie stattdessen in nachhaltige Beziehungen und in die Sichtbarkeit Ihres Unternehmens.

Erfolg entsteht letztlich aus Durchhaltewillen, aus der Regelmässigkeit und aus dem Bestreben, die eigenen Inhalte und Aktionen stets von Neuem zu optimieren. Dabei unterstützen Sie ein Erfolgsplan und ein Redaktionsplan.

Tool 7: Erfolgsplan

Jetzt geht es ans Planen, wie Sie Ihre Geschichte inszenieren und bewerben können. Ihre Massnahmen müssen eine logische Konsequenz aus den vorherigen Phasen sein. Orientieren Sie sich an den definierten Zielen, den Kernbotschaften und vor allem an Ihren Personas. Setzen Sie sich messbare Ziele. Den Erfolg transparent zu machen, ist eine wichtige Aufgabe.

Wozu benutzt man einen Erfolgsplan?
- Um eine Geschichte zielgerichtet zu publizieren und sich über ihre Funktion Gedanken zu machen
- Um sich (einige wenige) Leistungskennzahlen für das Erreichen der Ziele zu überlegen und diese konstant zu bewerten

ERFOLGSPLAN

HIGHLIGHT-CONTENT
Muss vor allem herausragenden, emotionalen Nutzen bieten – entweder unterhaltend oder sinngebend. Qualität ist alles. Man kann mit einer guten Geschichte zum Überflieger werden.

FOLLOW-CONTENT
Muss einen erkennbaren, funktionalen Nutzen geben. Relativ hohe Frequenz und Regelmässigkeit sind notwendig. Die Qualität muss nicht zwingend hoch sein, vordergründiger Nutzen reicht aus.

INBOUND-CONTENT
Tiefgründige Inhalte, überwiegend mit funktionalem Nutzen. Funktioniert einmalig ebenso gut wie regelmässig, aber die Qualität muss stimmen

CONTENT-ZIELE
Notieren Sie möglichst konkret, welche Zielgruppe Sie in welcher Zeitspanne erreichen wollen, zum Beispiel: Anzahl der Websitebesuche in den nächsten 5 Monaten um 20 Prozent steigern.

Ziel-definition	Fokus	Content-Marketing-Formate	Touchpoints	Content-Ziele	Seeding
Markenbekanntheit steigern	**Aufmerksamkeit auf bestimmte Themen lenken; «Top of Mind» sein**	**Highlight-Content** («Das erzähle ich weiter!») – Insights – Long-Form-Content – Videos – Multimediale Inhalte	– Website – Social Media – Newsletter – Printmedien	– Qualitativer Website-Traffic (Aufenthaltsdauer, Anzahl Seiten, Profilaufrufe) – Stammleserschaft erhöhen – Anmeldungen für Newsletter – Soziale Reputation: Onlinebewertung, -kommentare – Google-Ranking verbessern	**Highlight-Content** Für Highlight-Content intensiv in Werbung und Seeding investieren. Die Investition in gute Geschichten zahlt sich aus.
Als Kompetenz-, Service-, Qualitätsführer o. Ä. wahrgenommen werden	**Authentisch sein; Stärken und Learning (Schwächen) zeigen**	**Highlight-Content** – Experteninterviews – Infografiken – Slideshare – White Paper – Case Studies	– Website – Social Media – Newsletter – Printmedien	– Stammleserschaft erhöhen – Klicks auf Beiträge – Soziale Reputation: Onlinebewertung, -kommentare – Anzahl Backlinks – Google-Ranking verbessern	**Highlight-Content**
Ein tolles Produkt lancieren; höchste Zufriedenheit und Weiterempfehlung	**Mit crossmedialem Storytelling den Dialog suchen, mit dem Publikum interagieren**	**Follow-Content** («Davon will ich mehr!») – Micro-Content – News – Kuratierte Inhalte – Videoclips	– Website – Landingpage – Social Media – Newsletter – E-Mail-Marketing – Blogs – Printmedien – Magazine	– Website-Traffic – Conversation Rate steigern – Beitragsinteraktionen (Likes, Shares) – Followers generieren – Anfrage, Kontaktaufnahme – Soziale Reputation: Onlinebewertung, -kommentare – Google-Ranking verbessern	**Follow-Content** Diese Art von Content verbreitet sich dank seinem Nutzen. Content teilweise mit kleinem Budget bewerben
Umsatz steigern, Quality Leads	**Lead-Content im Austausch für Kontaktdaten erstellen**	**Inbound-Content** («Dafür gebe ich meine Kontaktdaten!») – Webinare (Seminare im Web) – Case Studies – Handbuch, Ratgeber	– Website/Landingpage – Social Media – Paid Media (SEM, bezahlte Reichweite, Textanzeigen) – E-Mail-Marketing – Fachpresse	– Conversation Rate steigern – Website-Traffic (Anzahl Visits) – Kontaktaufnahme – Anzahl Downloads – Google-Ranking verbessern – Anfrage, Kontaktaufnahme	**Inbound-Content** Breite Werbung und Seeding zahlen sich aus, weil sich die Qualität von Leads nachweisen lässt.

Erfolgsplan im Download-Angebot
beobachter.ch/download

ERFOLGSPLAN
der Beugger Gitarren Schweiz AG

Ziel-definition	Fokus	Content-Marketing-Formate	Touchpoints	Content-Ziele	Seeding
Markenbekannt-heit steigern	– Einsichten und Erfolge von Musikern und Bands präsentieren	– Testimonials – Insights – Videos – Erfolgsgeschichten – Micro-Content (short and simple)	– Website – Social Media: Facebook, Twitter, Instagram, YouTube – Newsletter – Internationale Fachzeitschriften und Fachportale	– Zahl der Follower in den sozialen Netzwerken steigern – Communtiy auf YouTube aufbauen; Ziel: 500 Abonnenten im ersten Jahr – Mehr Shares, Likes, Retweets, Erwähnungen; Ziel: Steigerung der Interaktionen um 60 % in den nächsten 6 Monaten – Mehr Backlinks (externe Quellen auf das Content-Angebot) – Erwähnungen in Medien (online/offline) steigern; Ziel: 6 Interviews pro Jahr	– Für Qualitätscontent intensiv in Werbung und Seeding investieren. – Micro-Content mit kleinem Budget bewerben
Leads generieren	– Mit interessanten Inhalten User zur Registrierung auf der Website bringen	– Micro-Content	– Social Media: Facebook, Instagram, YouTube – Website	– Mehr Anmeldungen für den Newsletter; Ziel: 60 Neuregistrierungen pro Monat	– Mit kleinem Budget in Reichweite investieren
Google-SEO-Ranking verbessern	– Attraktive, wertvolle Inhalte, die geteilt werden, zur Verbesserung der SEO-Platzierung einsetzen	– Testimonials – Insights – Videos – Erfolgsgeschichten	– Website – Internationale Fachportale – Expertenplattformen – Social Media: Facebook, Instagram, YouTube	– Sichtbarkeitsindex: Generelle Sichtbarkeit in Suchmaschinen und Ranking steigern – Mehr positive Nutzersignale: Seitenaufrufe, Verweildauer, Absprungrate – Mehr Backlinks	
Mehr Websitebesucher/-innen	– Durch Website-User die Markenbekanntheit steigern und langfristig Leads und Umsatz generieren	– Insights – Videos – Erfolgsgeschichten – Micro-Content	– Website – Social Media: Facebook, Twitter, Instagram, YouTube – Newsletter – Internationale Fachzeitschriften, Fachportale	– Mehr Websiteuser in einem zuvor definierten Zeitraum – Anzahl der neuen Besucher/-innen erhöhen; Ziel: plus 150 % in den nächsten 6 Monaten – Anzahl wiederkehrender Besucher/-innen steigern	

> **Definieren Sie Massnahmen und Leistungs- kennzahlen.**

Was bringt ein Erfolgsplan?

Kluge Ziele müssen attraktiv sein, einen sportlichen Anspruch haben und dennoch erreichbar bleiben. Ein gut durchdachter Erfolgsplan hilft Ihnen, Ihre Ziele zu verfolgen und nachhaltig zu erreichen. Er ist ein Werkzeug, das Sie bei der strategischen Planung und der Erfolgsmessung unterstützt.

Am Ende der Erfolgsplanung sollten Sie eine Handvoll konkreter Content-Ziele definiert und daraus die entsprechenden Massnahmen bestimmt haben.

Wie nutze ich das Tool?

1. Überlegen Sie sich als Erstes, welchen Nutzen Ihre Geschichte erzielen soll, und bestimmen Sie anschliessend die entsprechenden Content-Formate.
2. Formate bestimmen in vielen Fällen auch die Kanäle. Adaptieren Sie Ihre Geschichte für die verschiedenen Kanäle. Berücksichtigen Sie Ihre eigenen Medien und die Ihrer Personas.
3. Verbinden Sie Ihre Inhalte mit einer Wertschöpfung. Das kann die Umwandlung eines Interessenten in einen Kunden sein, vielleicht wollen Sie Ihre Reichweite vergrössern oder E-Mail-Adressen sammeln. Setzen Sie Merkmale und Messgrössen, um die Qualität Ihrer Geschichten zu definieren.

Beispiel | Erfolgsplan

Der Erfolgsplan gibt der Beugger Gitarren Schweiz AG einen Überblick über die Content-Ziele, den Fokus, die Formate, Touchpoints und das Seeding (Ansatz zum viralen Marketing).

Tool 8: Redaktionsplan

Moderne Geschichten werden heute integriert, interaktiv und crossmedial erzählt. Jeder Kanal wird entsprechend seinen Stärken unterschiedlich genutzt. Zielpersonen, die der Geschichte auf verschiedenen Kanälen begegnen, erfahren dadurch nicht einfach eine Wiederholung, sondern eine Fortsetzung – ein Mehr an Unterhaltung sowie ein Mehr an Information.

Das Arbeiten mit einem Redaktionsplan ist aber erst dann sinnvoll, wenn Sie die Ziele, die Themen und die Plattformen definiert haben, die für Ihre Zielgruppe interessant sind. Und wenn die Personen ausgewählt sind, die sich um die Inhalte und die Betreuung der Kanäle kümmern.

> **Werden Sie konkret: Wer macht was und bis wann?**

Wozu benutzt man einen Redaktionsplan?

- Um Inhalte für die unterschiedlichen Kanäle zu planen und zielgerichtet umzusetzen

■ Als Vorlage, um in regelmässigen Redaktionskonferenzen die Massnahmen, Optimierungen und Ergebnisse zu besprechen

Was bringt ein Redaktionsplan?

Der Plan wird Ihnen bei der Organisation Ihrer Aufgaben helfen. Er soll einfach zu pflegen sein und eine Übersicht bieten. Darin legen Sie fest, wer bis wann welche Inhalte liefern muss, welche Plattformen berücksichtigt werden und wie die Inhalte ineinandergreifen.

Wie nutze ich das Tool?

1. Nutzen Sie Ihre Website als zentralen Hub, auf dem Sie Ihre «Homestory» publizieren.
2. Erzählen Sie um Ihre «Homestory» herum Mikrogeschichten, um sie interessant zu machen. Diese Geschichten basieren vorwiegend auf Visuals – Bildern, animierten GIFs, Videos, Zitaten, Listicles (Artikel in Aufzählungsform). Seien Sie abwechslungsreich und beachten Sie die Tonalität der einzelnen Plattformen.
3. Verlinken Sie immer auf Ihre Website, Ihre Landingpage, Ihr Angebot.

Beispiel | Redaktionsplan

Als letzten Baustein des eigentlichen Storytellings erstellt Samuel Beugger seinen Redaktionsplan, einen Aktionsplan mit den konkreten Aufgaben, Themen und Kanälen/ Plattformen für die Kampagnen der Beugger Gitarren Schweiz AG.

REDAKTIONSPLAN

Datum der Veröffentlichung	Thema	Kampagnenziel	Kanäle und Plattformen									Schlüsselwörter	Verantwortliche	Zu erledigen bis
			Website			Newsletter			Sozial Media wie					
									LinkedIn		Facebook			
			Text	Bild	Video	Teaser mit Link zur Website	Bild	Video	Teaser mit Link zur Website	Bild	Video	Teaser mit Link zur Website	Bild	Video

Redaktionsplan im Download-Angebot
beobachter.ch/download

REDAKTIONSPLAN
der Beugger Gitarren Schweiz AG

Kanäle und Plattformen

Datum der Veröffentlichung	Thema	Kampagnenziel	Website	Newsletter	Instagram	Facebook	YouTube	Schlüsselwörter	Verantwortliche	Zu erledigen bis
15.10.19	Der Traum eines Musikers, von seiner Musik leben zu können und damit Erfolg zu haben	Markenbekanntheit steigern	– Story – Verschiedene Soundproben – Die einzelnen Teile der E-Gitarre in Nahaufnahme	– Teaser – Bild – Link auf Website	– Bild E-Gitarre in Nahaufnahme – Bilder von Testimonials	– Listicle: Die drei wichtigsten Unterschiede gegenüber gängigen E-Gitarren – Videoclip mit Soundproben	– Soundprobe eines Beeinflussers	– electric guitar sound effect – e-gitarre sound – e-gitarre karriere – spezielle e-gitarre	– Texte: Regula Schmid – Bilder: Reto Hasler – Video: Gerber VideoGmbH	04.10.19

Phase V: Auswertung

Keine Kommunikation ohne Erfolgsmessung. Wer zu einer brauchbaren Einschätzung des Content-Erfolgs kommen will, muss qualitative und quantitative Daten berücksichtigen.

Ob die zahlreichen Besucherinnen und Besucher auf Ihren Plattformen wirklich Erfolg versprechen, hängt davon ab, welchen Effekt die Inhalte bei ihnen auslösen. Storytelling soll Aufmerksamkeit erzielen, Interesse wecken, Beziehungen aufbauen und festigen. Das erfordert, dass die Besucherinnen und Besucher sich so lange wie möglich mit Ihrem Content beschäftigen.

Daten liegen typischerweise in grossen Mengen vor und sind für sich allein wenig aussagekräftig. Softwarelösungen helfen, diese Daten zu analysieren, insbesondere Dashboards: grafische Oberflächen, auf denen sich Informationen übersichtlich darstellen lassen. Je mehr Daten Sie jedoch generieren, desto umfassender wird die Verwertung. Oft ist die Gestaltungsfreiheit der Dashboards etwas eingeschränkt und das Zusammentragen der Daten wird zur eigentlichen Herausforderung.

Tool 9: Quantitatives Cockpit

Im Internet lässt sich vieles messen – aber längst nicht alles ist für Ihre Kommunikationsstrategie zielführend und notwendig. Es ist nicht sinnvoll, unendlich viele Messwerte und Kennzahlen aneinanderzureihen. Viel effektiver ist es, wenn Sie sich einige wenige Leistungskennzahlen für Ihre Kommunikationsziele überlegen und diese konstant bewerten. Am besten setzen Sie für das Quantitative Cockpit dieselben Tools ein, die Sie für Ihre Onlineanalyse verwendet haben (Tool 2, siehe Seite 120). So können Sie die Situation vor und nach der Kampagne vergleichen und den Erfolg messen. Auch später können Sie immer wieder überprüfen, wo Sie mit Ihrer Kampagne stehen.

Wozu benutzt man das quantitative Cockpit?

- Um aktuelle und sinnvolle Daten aus verschiedenen Quellen zusammenzutragen, zu visualisieren und zu analysieren
- Um strategische Massnahmen regelmässig zu überprüfen und zu optimieren

> Nutzen Sie die Tools aus der Onlineanalyse, um nun Ihren quantitativen Erfolg zu überprüfen.

Was bringt das quantitative Cockpit?

Inhalte können nur dann eine Wirkung entfalten, wenn sie eine grosse Reichweite haben. Quantitative Erhebungen messen, wie, wann und wie häufig sich die User mit Ihren Inhalten auseinandersetzen. Mit dem quantitativen Cockpit erhalten Sie die Kontrolle über die Nutzung der Inhalte in Form von aktuellen Zahlen und übersichtlichen Grafiken. Behalten Sie die wichtigsten Kennzahlen im Blick und reagieren Sie wo notwendig.

Wie nutze ich das Tool?

Ist Ihr Cockpit erst einmal eingerichtet, bestimmen Sie selbst über Berichtszeitraum, Vergleichswerte, Kampagnendaten und Quellen. Um eine effektive Auswertung vornehmen zu können, bauen Sie zum Beispiel Landingpages (spezielle Websites für jede Kampagne) und Cookies. Dies vereinfacht die Auswertung und die anschliessende Kampagnenoptimierung.

Beispiel | Quantitatives Cockpit

Samuel Beugger wertet vier Wochen nach dem Kampagnenstart zusammen mit seinem Team die Nutzerdaten – Konsumverhalten, die wichtigsten Inhalte und die am häufigsten aufgerufenen Seiten – auf der Website sowie die Beliebtheit und die Interaktionsrate seiner Posts auf den sozialen Medien aus. Im Data Studio von Google kann er die Zeitspanne genau definieren. So erhält er konkrete Aussagen zu den Nutzerzahlen vor und nach seiner neuen Kampagne und kann seine Kampagne optimieren.

Tool 10: Qualitatives Cockpit

Die Wirkung der Inhalte auf die Nutzerinnen und Nutzer lassen sich mit den Methoden der Webanalyse kaum erfassen. Für eine qualitative Erfolgseinschätzung bleibt Ihnen nichts anderes übrig, als Ihre Kundinnen und Kunden zu befragen. Das setzt natürlich voraus, dass Sie Vergleichswerte haben. Es ist also sinnvoll, eine erste Umfrage (Messung) bereits vor der Umsetzung einer neuen Content-Strategie durchzuführen.

> Die qualitative Analyse hilft, die effektive Wirkung Ihrer Geschichten und Kampagnen zu überprüfen und zu verbessern.

Wozu benutzt man das qualitative Cockpit?

- Um zu erfahren, welche Reaktionen die Inhalte bei der Zielgruppe auslösen
- Um direktes Nutzerfeedback für die Content-Optimierung zu erhalten.

Was bringt das qualitative Cockpit?

Inhalte können nur dann Wirkung entfalten, wenn sie tatsächlich aufgenommen werden. Qualitative Auswertungen beantworten die Frage, ob Ihre Inhalte Wirkung zeigen. Haben Sie das Ziel, Ihr Unternehmen als Meinungsführer zu etablieren, wirklich erreicht? Haben die Kundinnen und Kunden nun tatsächlich ein anderes Bild von Ihrem Unternehmen? Mit der zusätzlichen Auswertung von Nutzerfeedback lässt sich die Content-Optimierung sehr viel zielgenauer angehen als mit den Daten aus der Webanalyse.

Wie nutze ich das Tool?

1. Erstellen Sie einen Fragebogen mit den für Ihren Zweck passenden Fragen aus der Liste auf der nächsten Seite. Oder formulieren Sie eigene Fragen. Minisurveys lassen sich mit Tools wie Google Forms, Survey Monkey oder Qualaroo sehr einfach umsetzen. Versehen Sie das Layout mit Ihren Farben und Ihrem Logo.
2. Verteilen Sie Ihren Umfragelink via Ihre Website, E-Mail, Social Media und weitere Kanäle, die für Sie infrage kommen.
3. Diskutieren Sie die Auswertung im Unternehmen und bestimmen Sie die wichtigsten Punkte als Handlungsaufruf für das Optimieren der Strategie.

Beispiel | Qualitatives Cockpit

Beugger Gitarren Schweiz AG wertet zweimal jährlich mit Fokusgruppen – bestehenden und neuen Kundinnen und Kunden sowie einigen Händlern – die Kampagnen aus. Samuel Beugger lädt dafür jeweils sechs bis zehn Personen in seine Firma ein und diskutiert die folgenden Themen:

- Sind die Kampagnen informativ und entsprechen die Inhalte (Text, Bilder, Audio, Videos) den Bedürfnissen der Kundinnen und Kunden?
- Was halten die Kundinnen und Kunden von seiner Marke? Wie beschreiben sie sie?
- Was fehlt ihnen konkret?
- Was braucht es, damit sie seine Gitarre nun kaufen und/oder anderen weiterempfehlen?

Die Resultate der Gespräche nutzt Beugger, um die Inhalte, Geschichten und Kampagnen weiter zu optimieren, damit Musikerinnen und Musiker zu Fans werden und er so auf dem schweizerischen und europäischen Markt erfolgreich(er) wird.

FRAGEN
für Ihr Qualitatives Cockpit

1. Wie einfach ist es, auf unserer Website das zu finden, wonach Sie suchen?

☐ Extrem einfach ☐ Nicht so einfach
☐ Sehr einfach ☐ Überhaupt nicht einfach
☐ Einigermassen einfach

2. Sind die Informationen auf unserer Website verständlich?

☐ Äusserst verständlich ☐ Nicht so einfach verständlich
☐ Sehr verständlich ☐ Überhaupt nicht verständlich
☐ Einigermassen verständlich

3. Wie sehr vertrauen Sie den Informationen auf unserer Website?

☐ Voll und ganz
☐ Sehr
☐ Einigermassen

4. Wie gut entsprechen die Informationen auf unserer Website Ihrem Bedarf?

☐ Äusserst gut Welche Informationen wären für Sie von Nutzen?
☐ Ziemlich gut
☐ Einigermassen gut _____

5. Wie erfolgreich erklären unsere Videos das Thema (das Produkt)?

☐ Äusserst erfolgreich
☐ Sehr erfolgreich
☐ Einigermassen erfolgreich

6. Wie informativ sind die Beiträge in unserem Newsletter?

☐ Äusserst informativ ☐ Nicht informativ
☐ Ziemlich informativ ☐ Überhaupt nicht informativ
☐ Einigermassen informativ

7. Wie gut versteht unser Unternehmen Ihrer Ansicht nach Ihre Bedürfnisse?

☐ Äusserst gut ☐ Nicht so gut
☐ Ziemlich gut ☐ Überhaupt nicht gut
☐ Einigermassen gut

Was sind Ihre Bedürfnisse?

_____

8. Wie gut versteht unser Unternehmen Ihrer Meinung nach, was Sie benötigen, um erfolgreich zu sein?

☐ Äusserst gut ☐ Nicht so gut
☐ Ziemlich gut ☐ Überhaupt nicht gut
☐ Einigermassen gut

9. Wie sehr wären Sie daran interessiert, mehr Informationen über unser Unternehmen (unser Produkt/unseren Service) zu erhalten?

☐ Äusserst stark interessiert ☐ Eher nicht interessiert
☐ Stark interessiert ☐ Überhaupt nicht interessiert
☐ Durchschnittlich interessiert

Es gibt mittlerweile eine Vielzahl von Möglichkeiten für Marktforschungsumfragen. Aber gerade KMU scheuen den organisatorischen und finanziellen Aufwand.

Eine gute Alternative dazu sind kostenlose Minisurveys, die sich sehr einfach umsetzen lassen, beispielsweise mit folgenden Tools:
· surveymonkey.com
· qualaroo.com

Viel Erfolg!

Damit eine Story im Content- und Social-Media-Marketing erfolgreich ist, muss sie verschiedene Kriterien erfüllen: Erstens sollten sich die Leserinnen und Leser für das Schicksal der Hauptperson interessieren, damit sie mit ihr mitfühlen können. Weiter muss die Geschichte eine Entwicklung beinhalten, einen Konflikt oder ein Problem, das die Hauptfigur zu lösen hat. Drittens braucht die Story eine klare Botschaft. Und schliesslich soll man sich leicht an sie erinnern können und sie gern weitererzählen.

Wie die Praxisbeispiele in diesem Ratgeber zeigen, gibt es in allen Branchen gute Ansatzpunkte und kluge Strategien, die in eine kreative Umsetzung münden. Auch die Arbeit mit Bildern und Videos ist den Firmen zusehends vertrauter und wird immer häufiger eingesetzt. Dennoch übersehen viele Unternehmen – speziell KMU – noch zu oft das Potenzial guter Geschichten. Sie erzählen nicht exemplarisch und vernachlässigen die Möglichkeiten der digitalen Kommunikation.

Hier setzen wir mit diesem Buch an: Mit der Storytelling-Toolbox wollen wir Sie als Unternehmerin, Unternehmer zum Geschichtenschreiben und Weitererzählen motivieren; dabei unterstützen wir Sie mit den nötigen Werkzeugen und mit neuen Impulsen.

Nun sind Sie an der Reihe

KMU erkennen durchaus den Nutzen des Storytellings für ihre Firma – auch das hat unsere Studie gezeigt. Für die Umsetzung fehlt es dann aber häufig an Zeit, Fachwissen und Infrastruktur. Erschwerend ist, dass die internen Prozesse oft festgefahren sind und der Blick von aussen fehlt.

Fehlen auch in Ihrer Firma die nötigen Ressourcen? Dann erweist sich die Zusammenarbeit mit einer Kommunikationsagentur als sinnvoll. Die externen Fachleute können Sie beim Erarbeiten Ihrer Content-Strategie unterstützen. Sie betrachten Ihre Unternehmens- und Produktbotschaften aus einem anderen Blickwinkel, denken crossmedial und bringen neue Aspekte ein. Geeignet sind Agenturen, die sich auf das Storytelling für KMU spezialisiert haben, wie zum Beispiel die Businessmind GmbH.

Nach der Lektüre dieses Ratgebers werden Sie Ihre Wünsche und Erwartungen Ihrem Kommunikationspartner gegenüber klar formulieren können und wissen, nach welchen Kriterien die Qualität einer Kampagne zu beurteilen ist. Oder Sie starten mit dem neu erworbenen Wissen Ihre Storytelling-Kampagne gleich selbst. Legen Sie los, erzählen Sie Ihre Geschichte und haben Sie Spass dabei!

Anhang

Literaturhinweise
Nützliche Links und Adressen
Beobachter-Ratgeber

Literaturhinweise

Einleitung

1 Philips: Lighting up an entire community, https://www.philips.com/a-w/innovationandyou/article/short-video-story/wake-up-naturally.html

2 Red Bull: Mission to the Edge of Space, http://www.redbullstratos.com

Kapitel 1

3 Juliane Streitberg & Brasanthy Yogalingam 2018: Storytelling: «Mutmacher-Beispiele» von KMU für KMU. Bachelor Thesis, 13. Dezember, FHNW Hochschule für Wirtschaft, Brugg

4 Ansgar Zerfass & Manfred Piwanger 2014: Handbuch Unternehmenskommunikation. Strategie, Management, Wertschöpfung. 2. Auflage, Springer Gabler, Wiesbaden

5 Ansgar Zerfass & Janine Bogosyan 2007: Blogstudie: Informationssuche im Internet – Blogs als neues Recherchetool (Ergebnisbericht). Leipzig, http://www.cmgt.uni-leipzig.de/fileadmin/downloads/Publications/reports_and_fulltexts_pdf/Blogstudie2007-Ergebnisbericht.pdf

6 Marc K. Peter (Hrsg.) 2017: KMU-Transformation. Als KMU die Digitale Transformation erfolgreich umsetzen. FHNW Hochschule für Wirtschaft, Olten

7 Pia Kleine Wieskamp (Hrsg.) 2016: Storytelling: Digital – Multimedial – Social: Formen und Praxis für PR, Marketing, TV, Game und Social Media. Hanser, München

8 Jacques Chlopczyk 2017: Beyond Storytelling: Narrative Ansätze und die Arbeit mit Geschichten in Organisationen. Springer, Berlin

9 Mathias Binz, Marc K. Peter & Franziska Vonaesch 2018: Storytelling in Schweizer Unternehmen. FHNW Hochschule für Wirtschaft, Olten

Kapitel 2

10   Thomas Pyczak 2017: Tell me! Wie Sie mit Storytelling überzeugen.
     Rheinwerk, Bonn

11   Georg Franck 1998: Ökonomie der Aufmerksamkeit. Ein Entwurf. C. Hanser,
     München

12   Klaus Eck & Doris Eichmeier 2014: Die Content-Revolution im Unternehmen.
     Neue Perspektiven durch Content-Marketing und -Strategie. Haufe Lexware,
     Freiburg im Breisgau

13   Studie Net-Metrix-Base 2018-1,
     https://www.net-metrix.ch/produkte/net-metrix-base/publikation

14   Sam Steiner: Soziale Netzwerke in der Schweiz – die Liste, Dezember 2018,
     https://alike.ch/soziale-netzwerke-in-der-schweiz-die-liste/ (direkt von den
     Unternehmen, aus Marktforschungen und/oder Hochrechnungen)

15   Jerome Bruner 1986: Actual Minds, Possible Worlds. Harvard University Press,
     Cambridge MS

16   Einfach überzeugen: Die drei Säulen der Rhetorik,
     https://www.zeit.de/2016/20/rhetorik-redner-vorbilder/seite-2

17   Annika Schach 2016: Storytelling und Narration in den Public Relations.
     Eine textlinguistische Untersuchung der Unternehmensgeschichte. VS Verlag
     für Sozialwissenschaften, Wiesbaden. https://www.springerprofessional.de/
     narrative-typen-der-unternehmensgeschichte/6952818

18   HeidelbergCement, Building for Generations,
     http://www.buildingforgenerations.heidelbergcement.com/de

19   Karolina Frenzel, Michael Müller & Hermann Sottong 2004: Storytelling:
     Das Harun-al-Raschid-Prinzip. Die Kraft des Erzählens fürs Unternehmen
     nutzen. C. Hanser, München

20   Marie Lampert & Rolf Wespe 2017: Storytelling für Journalisten. Wie baue ich
     eine gute Geschichte? Herbert von Halem, Köln

21 Robert McKee, amerikanischer Storyteller und Drehbuchschreiber, https://mckeestory.com

22 Significant Objects, http://significantobjects.com/

23 Significant Objects, Toy Toaster, http://significantobjects.com/2009/07/09/toy-toaster/

24 Petra Sammer & Ulrike Heppel 2015: Visuelles Storytelling. Visuelles Erzählen in PR und Marketing. O'Reilly, Newton MS

25 Amanda Sibley: 19 Reasons You Should Include Visual Content in Your Marketing [Data], https://blog.hubspot.com/blog/tabid/6307/bid/33423/19-reasons-you-should-include-visual-content-in-your-marketing-data.aspx

26 Der Getty-Code: The Power of Visual Storytelling, https://de.slideshare.net/LynnSotoPolanco/the-power-of-visual-storytelling-36110011

27 Thomas H. Davenport 2015: Why data storytelling is so important – and why we're so bad at it, http://dupress.com/articles/data-driven-storytelling/

28 Stephen R. Covey 2006: The 8th Habit. From Effectiveness to Greatness. Simon & Schuster, London. In: Miriam Rupp 2016: Storytelling für Unternehmen. Mit Geschichten zum Erfolg in Content Marketing, PR, Social Media, Employer Branding und Leadership. mitp Verlag, Frechen

29 Gustav Freytag 1863: Die Technik des Dramas, wbg Academic, Darmstadt

30 Zack Wortman 2016: Ernest Hemingway's Six-Word Sequels, https://www.newyorker.com/humor/daily-shouts/ernest-hemingways-six-word-sequels

31 Marie Lampert & Rolf Wespe 2017: Storytelling für Journalisten. Wie baue ich eine gute Geschichte? Herbert von Halem, Köln

32 Gary Vaynerchuk 2017: Storytelling in sozialen Medien. Books4Success, Kulmbach

33 Christopher Booker 2005: The Seven Basic Plots. Why We Tell Stories. Bloomsbury Academic, London

34 Leah Harrington 2018: Content is King in 2018, Franchising World, März, S. 84–86

Kapitel 3

35 Global Web Index Report: Trends 2017, https://www.globalwebindex.com/reports/trends-17

36 Simon Sinek 2014: Frag immer erst: Warum. Wie Führungskräfte zum Erfolg inspirieren. Redline, München

37 C. George Boeree 2006: Persönlichkeitstheorien, Carl Gustav Jung, http://www.social-psychology.de/do/PT_jung.pdf

38 Miriam Rupp 2016: Storytelling für Unternehmen. Mit Geschichten zum Erfolg in Content Marketing, PR, Social Media, Employer Branding und Leadership. mitp Verlag, Frechen

39 Alfred Lua 2018: 5 Storytelling Tips from Amazing Storytellers, https://blog.bufferapp.com/storytelling-formulas

40 Ausgewählte Plots aus Ronald B. Tobias 2000: 20 Masterplots: Woraus Geschichten gemacht werden. 2. Auflage, Zweitausendeins, Frankfurt am Main

Nützliche Links und Adressen

Digitales Marketing

Hochschulen

Berner Fachhochschule (BFH)
■ Weiterbildung CAS Digital Marketing und Transformation (www.bfh.ch/de/weiterbildung/cas/digital-marketing-transformation/)

Fachhochschule Nordwestschweiz (FHNW)
■ Weiterbildung CAS Digital Marketing Spezialist/-in (www.fhnw.ch/de/weiterbildung/wirtschaft/cas-digital-marketing-spezialistin)
■ Weiterbildung CAS Webtrends, Automation & Crossmedia Management (www.fhnw.ch/de/weiterbildung/wirtschaft/cas-webtrends-crossmedia-management)
■ Weiterbildung MAS Digital Marketing (www.fhnw.ch/de/weiterbildung/wirtschaft/mas-digital-marketing)

Hochschule Luzern
■ Weiterbildung CAS Online Communication and Marketing (www.hslu.ch/de-ch/wirtschaft/weiterbildung/cas/ikm/online-communication-and-marketing/)

Weitere Links

www.allfacebook.de
Beliebte Quelle rund um Facebook und Social-Media-Marketing

https://de.ryte.com/magazine
Das Ryte Magazine erklärt mit zahlenreichen Praxisbeispielen wichtige SEO-Themen.

www.sistrix.de/news
Der Sistrix SEO-Blog informiert über News und Trends aus der SEO-Branche, teils mit eigenen Fallstudien.

brocki.ch

Geroldstrasse 29
8005 Zürich
044 271 08 92
CHE-109.029.743 MWST

Verkauf

Beleg-Nr.
17/3882219   15.11.2024 09:29:43

G	Anz	Bezeichnung	CHF/Stk	CHF
F	5	Bücher 2.90	2.90	14.50
F	1	Bücher 1.90	1.90	1.90
F	1	Bücher 4.90	4.90	4.90

Total CHF   **21.30**

Zurück CHF   -2.45

Bar EUR   25.00 x0.95   23.75

Total in EUR 22.42

G	Steuer	Netto	MwSt.
F	0.00%	21.30	0.00

Sie wurden bedient von P. Isler

T17000003882219

www.t3n.de
News und Wissen zu Themen der digitalen Wirtschaft, mit Medien- und Kommunikationsschwerpunkt

Social-Media-Plattformen

Neuigkeiten über Funktionen und Änderungen sowie praktische Tipps und Tutorials dazu, wie Unternehmen die Plattformen nutzen können.
- Facebook Businessnachrichten: www.facebook.com/business/news/facebook
- Facebook for Media: www.facebook.com/facebookmedia/blog
- Instagram-Business-Blog: business.instagram.com/blog?
- Instagram-Insiders: upload-magazin.de/instagram-insiders/
- LinkedIn für Unternehmen: blog.hootsuite.com/de/ linkedin-fuer-unternehmen-marketing-leitfaden/
- Twitter für Unternehmen: business.twitter.com/de.html
- YouTube für Unternehmen: blog.hootsuite.com/de/ youtube-fuer-unternehmen-account-einrichten/

Content-Marketing

Fachhochschule Nordwestschweiz (FHNW)
- Weiterbildung CAS Content Marketing Spezialist/-in (www.fhnw.ch/ce/ weiterbildung/wirtschaft/cas-content-marketing-spezialistin)

www.best-practice-business.de/blog
Täglich neue Ideen für erfolgreiche Unternehmen: Marketing, Strategie, Innovation, Internet

www.businessmind.ch
Die Businessmind GmbH ist Expertin in Storytelling für KMU. Sie unterstützt Unternehmen in ihrer Content-Strategie und schreibt in deren Auftrag authentische Geschichten.

www.mcschindler.com
Interessantes und Aktuelles über PR im Social Web, Online-PR und digitale Kommunikation, als Newsletter oder als Blog-Beiträge

thescope.com
Eine Cloud-Software, um Inhalte zu finden, zu bündeln, zu kommentieren und zu versenden

Storytelling

Grundlagen

www.scompler.com
Strategisches Content-Marketing: Von der Strategieberatung über die Software-Plattform bis zum Training

www.storytelling-toolbox.ch
Hier erhalten Sie die Werkzeuge für jede Phase der Methode Storytelling. Ausgehend von der Strategie geht es zur Planung, Umsetzung und zur Erfolgskontrolle.

Spezialthemen

www.leichtlesbar.ch
Die Flesch-Formel rechnet aus, wie verständlich ein Text ist.

www.socialhub.io
Content-Planung in einem Social Media Publishing Tool mit Redaktionskalender und für alle Teammitglieder ersichtlich

Beobachter-Ratgeber

Heini, Claude; Bräunlich Keller, Irmtraud: **Plötzlich Chef.** Souverän in der neuen Führungsrolle. 3. Auflage, Beobachter-Edition, Zürich 2018

Rohr, Patrick: **Reden wie ein Profi.** Selbstsicher auftreten – im Beruf, privat, in der Öffentlichkeit. 4. Auflage, Beobachter-Edition, Zürich 2016

Rohr, Patrick: **So meistern Sie jedes Gespräch.** Mutig und souverän argumentieren – im Beruf und privat. 3. Auflage, Beobachter-Edition, Zürich 2012

Ruedin, Philippe; Bräunlich Keller, Irmtraud: **OR für den Alltag.** Kommentierte Ausgabe aus der Beobachter-Beratungspraxis mit vollständigem Gesetzestext und Stichwortverzeichnis. 12. Auflage, Beobachter-Edition, Zürich 2016

Stokar, Christoph: **Der Schweizer Business-Knigge.** Was gilt in der Arbeitswelt? Beobachter-Edition, Zürich 2015

Von Flüe, Karin; Strub, Patrick; Noser, Walter; Spinatsch, Hanneke: **ZGB für den Alltag.** Kommentierte Ausgabe aus der Beobachter-Beratungspraxis mit vollständigem Gesetzestext und Stichwortverzeichnis. 15. Auflage, Beobachter-Edition, Zürich 2019

Winistörfer, Norbert: **Ich mache mich selbständig.** Von der Geschäftsidee zur erfolgreichen Firmengründung. 15. Auflage, Beobachter-Edition, Zürich 2017

Ratgeber, auf die Sie sich verlassen können

ICH MACHE MICH SELBSTÄNDIG

Ein Start-up planen, sich mit einer Geschäftsidee durchsetzen: Dieses bewährte Handbuch zeigt alle Erfolgswerkzeuge und begleitet Firmengründer Schritt für Schritt von der ersten Idee bis zum Businessplan. Mit vielen Tipps und mehr als 60 Onlinevorlagen.

336 Seiten, Hardcover
ISBN 978-3-03875-058-1

DER SCHWEIZER BUSINESS-KNIGGE

Dieser Ratgeber vermittelt Sicherheit im beruflichen Alltag. Ob Umgang im Team, Dresscode, Benehmen an Sitzungen, Regeln für den Business-Lunch: Der Business-Knigge erklärt, welche alten Zöpfe abgeschnitten gehören, und geht auf aktuelle Themen wie Mobilegebrauch, Tattoos & Co. ein.

224 Seiten, Klappenbroschur
ISBN 978-3-85569-911-7

REDEN WIE EIN PROFI

Insidertipps vom Profi: Ob Familienfest, Auftritt im Verein, in der Politik oder im Berufsleben – dieser Ratgeber bietet praktische Hilfestellungen für Reden im beruflichen, öffentlichen oder privaten Rahmen. Selbstsicher reden und souverän wirken – das lässt sich lernen.

240 Seiten, Klappenbroschur
ISBN 978-3-03875-000-0

Die E-Books des Beobachters: einfach, schnell, online. **www.beobachter.ch /ebooks**